はじめに

国鉄電車のうち101系以前のいわゆる「旧型国電」は、1926(大正15)年から1957(昭和32)年までに製造された半鋼製※もしくは全鋼製車体を持つ吊掛駆動方式の電車である。鉄道趣味者の間で広く慣用さている「系列」によれば、30、31、32、40、42、50、51、62、63・72、70、80の各系列がある。

戦後製の72、70、80系以外の、これら車輌は製造年度ごとに形態変化しつつ、主に東京・京阪神地区の輸送を担ってきた。戦前の発展期、黄金期、戦中・戦後の荒廃期を乗り越えて見事に復興した。さらに戦後の1949(昭和24)年登場した80系湘南電車は、従来の電車の概念を大きく変え、続く70系と共に華やかな時代を迎えた。

しかし1951(昭和26)年4月24日に発生した「桜木町事故」による63系の緊急整備に続いて、旧型国電は全車が安全対策工事を強いられることになり、この工事と続いて行なわれた「更新修繕

ーⅡ」の施工によって、年度別の特徴を失い画一的な外観に変更されてしまった。

2015（平成27）年から「鉄道友の会」の会報『RAILFAN 臨時増刊号 日本国有鉄道電車形式集1960（1～5）』が発行され、改修後の姿が形式写真と形式図で記録されている。

そこで本書では、改修前の姿を示したいと、日本国有鉄道工作局発行の「1953年電車形式図」から、戦前製の各系列に絞り1950年代前半当時の形式図と共に、ほぼ原形に近い写真を極力掲載した。今は一部の保存車以外には見られない「旧型国電」への理解の一助となれば、筆者の幸せとするところである。

※半鋼製電車　それまでの木製車体が鋼鉄の骨組みの外板に短冊形の木板を連続して貼っていたものを、3mm厚の鋼板張りにしたもの。ただし、内装や屋根は木製のため「半鋼製」と言われた。

モハ11024（←モハ30058）　渋谷駅を発車した17m車8連の山手線外回り電車。街の建物はまだ低層で、増築工事中の東急百貨店がひときわ目立つ。　1954.6.28　渋谷ー原宿

モハ11072(←モハ30170)　17m車は収容力不足のため山手線から周辺線区、さらに地方線区に都落ちして行く。30系で揃った３輌編成の南武線電車。
1953.12.8　川崎

■本書の記載範囲と表示方法

「電車形式図1953」では、同年４月８日、５月２日付総裁達第225、295号の「車両称号規定」および「電車の改造に伴う形式整理」に基づいて、主に17m車を中心に改正された新形式で掲載されている。本書では1953(昭和28)年６月の称号改正時を基本として、理解しやすいように旧称号の系列別に記載し、新称号を併記した。系統図では製造時の基本形式と輌数、戦災・事故による廃車輌数、1953(昭和28)年６月時点の形式と輌数、それに大幅な改造を受けずに“ほぼ製造時の形態”を残していた車輌を「原形」と表示して網掛けを行っている。

なお、称号改正は1959(昭和34)年５月にも行われ、記号も番号の一部となり、中間電動車「モハ」と、制御電動車を区別して「ク」の記号が追加されたが、本書では1953(昭和28)年当時の記号を主に使用している。文中の等級の表示等は、戦後の一部記述を除き３等級(ロ：２等車、ハ：３等車)を使用している。

また、「形式図」中には、「更新修繕－Ⅱ」※1の進行にあわせ施工後の形式図が含まれているが、本書では、あえて同工事未施工の原形に近い、「ガーランド型ベンチレータ搭載車の形式図と写真のみ」※2を掲載している。

※１「更新修繕」　車輌の保守上製造後10年程度を経過した車輌は、大規模な改修を行うことが有効であることから、戦前の1936(昭和11)年度から「特修」工事が開始された。戦時中は中断していたが、戦後の1949(昭和24)年度から「更新修繕」の名で復活した。旧車輌を徹底的に改修し、新製車と同程度に引き上げる意図で、不良機器の交換、車体内・外塗装の剥離と再塗装等が行われて、荒廃した車輌は面目を一新した。初年度は100輌が実施され、うち65輌が東鉄の横須賀線32、40系に、35輌が大鉄の京阪神間急行用の42系に施工された。翌年も398輌が施工されたが、この工事では、鋼板製プレスドアの採用程度で、形態上の変化は小さかった。一方、桜木町事故の発生による「緊急工事」を挟んだのち、再開された「更新修繕－Ⅱ」は、グローブ型ベンチレータの採用をはじめ、鋼板屋根に屋根布の貼付と雨樋の位置変更、窓ガラス保持にＨゴム導入など、様々な外見上の変化をもたらした。

※２「ガーランド型ベンチレータ」　旧鉄道省時代に広く使われていた旅客車用通風器で、木製車では二重屋根の低層部に、通風·採光用ガラス窓と交互に「片側タイプ」が設置されていた。丸屋根採用後は屋根中央に「両側タイプ」が１列に配置された。その後電車では混雑度が進み通風量増大のため、両側に「片側タイプ」を増設した３列となった。鋼板屋根車では、この間に２列の「歩み板」を設置した。その機能は、車輌の進行により、通風器前部から入った空気が側面に排出される流れにより、車内の空気を吸い出すというもので、停車時には効果が無かった。これに対して63系電車から採用された「グローブ型ベンチレータ」は、煙突方式で暖かい空気が自然に排出され通風量が多く、停車中でも効果があることから、一部の例外を除く旧型国電全車に搭載された。

旧型国電の生い立ちと変遷

国電（鉄道院の「院電」→鉄道省の「省電」→日本国有鉄道の「国電」）は、1904（明治37）年の甲武鉄道の運転開始がルーツで、1906（明治39）年に国有化された。車輌も木製２軸車から、ボギー車に発展したが、1923（大正12）年の関東大震災や、翌年の山手線追突事故を教訓に、明治・大正期の木製車から、輸送量の増大に対応して、より安全性の高い半鋼製電車に移行した。

1926（大正15）年に登場した初の半鋼製車30系は、従来の木製車の外板を木から鋼板張りに変更した様な形態だったが、次の31系からは大幅なモデルチェンジが行われた。続く32系、40系、42系では、車体長も17mから20mになり、通勤型から長距離型まで製造された。駆動装置は吊掛式で、電動車は１M方式だった。後の101系「新性能車」の出現により「旧型国電」と呼ばれるようになったこれらの車輌たちは、特に1932（昭和７）年の40系の登場から1944（昭和19）年に戦時設計の63系が登場するまでは、当時の鉄道省の担当者である柴田 衛氏の一貫した設計思想に基づき、年度ごとの新技術・工法を導入しながら、その形態はマイナーチェンジによって洗練されていった。

しかし中国から始まった戦争の影響が次第に拡大し、資材の統制、人材不足により1940（昭和15）年から工作の簡易化、金属部品の代用品使用が開始され、さらに太平洋戦争末期の1944（昭和19）年には、極度の資材不足と技量低下から“戦いに勝つまでの数年持てばよい”と、限界設計の「戦時型車輌」が登場した。D51、D52、EF13、トキ900、それに「63系電車」がこれである。

空襲被害と整備が追い付かない荒廃の時代からやっと復旧し、1950（昭和25）年に80系湘南電車の運転開始にあたり、同じ線路を走る疲弊した横須賀線電車との格差是正のため、急きょ横須賀線電車の緊急整備を行うことになった。外部塗装を剥離して下地から塗直し、内装の木部も洗ってニスを塗り直して、新採用の「スカ色」をまとい、新造車並みの出来栄えで出場したのだった。当時の横須賀線には、専用の32系のほか４扉63系も交えて、３扉の一般車モハ41、サハ57などが多数走っていたが、63系を除いて同様に整備された。横須賀線の整備に合わせて、京阪神地区の42系が続いた。その後は他線区の戦前製車輌にも工事が行われ、これが「更新修繕」といわれる工事だった。内容は、戦前水準をめざした整備で、混雑による木製ドア破損事故を受けた鋼板製のプレスドアの採用以外には、外観上大きな変更は加えられなかった。

しかし、桜木町事故後から行われた「更新修繕－Ⅱ」工事では、鋼板製屋根にはビニール布張り、関連して張り上げ屋根の雨樋位置の変更、グローブ型ベンチレータへの取り換え、砲弾型・埋め込み型ヘッドライトの普通型への変更、運転室妻面や戸袋窓へのHゴムの使用、運行窓の３桁化、貫通路引戸整備、幌の片幌化と鉄製幌座の取付けなどの工事により、年度別の形態の特徴が失われ、画一的な外観になってしまった。この状態が「1960年形式図集」で示されており、飯田線や身延線などで最後の活躍をした時代の、旧型国電の形態になったのである。

モハ30012（→モハ11004）
平塚までの貨物線に運転されていた大井工場の試運転列車。出場する色々な車輌が混結されていた。
1953.11.30　品川

1．30系

30系電車は鉄道省初の半鋼製電車で、都市交通の発展にともない、高速化、長編成化が進んだ。従来の木製車の事故や火災の際の安全性が問題となっていた時代に登場した半鋼製車は、これらの問題を一挙に解決した。電車における成功により、客車の半鋼製車の製造がオハ31系から積極的に開始された。

30系電車は、1926(大正15)年から1929(昭和４)年にかけ、以下の３形式計258輌が製造された。

モハ30形	モハ30001～30205	205輌
サロ35形	サロ35001～35008	8輌
サハ37形	サハ36001～36045	45輌

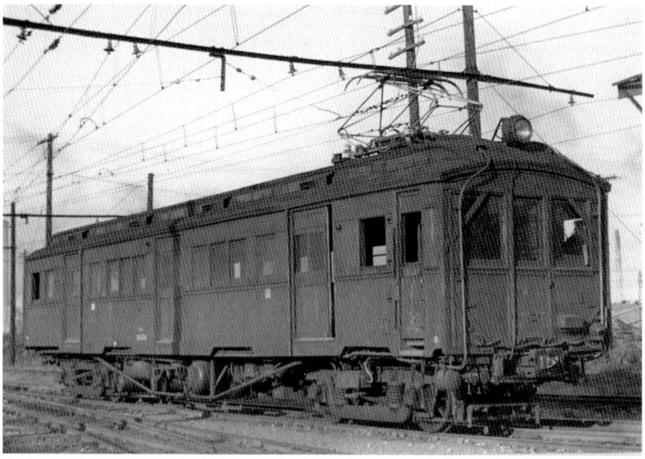

モハ10174(鋼体化→モニ53021)　モハ10形(初代)は関東大震災後に大量増備された最後の大型木製車で、旧形式はデハ63100形。モハ30形の車体構造は、メーカーが手慣れていたモハ10形の外板を木材から鋼板に変更したものといえる。　1952.10.13　大井工場

1－1．30系の特徴

木製車の初代モハ10(旧デハ63100)形を半鋼製にした形態で、車長は17m、木製の二重屋根に魚腹型台枠、鋼製の骨組みと外板は多数のリベットで組み立てられた重厚なスタイルだった。客室窓は天地寸法が小さい二段上昇式となり、日よけは巻き上げカーテンを採用、ドアエンジンの試用（1928年に本格採用）などにより、安全性は飛躍的に向上した。連結側妻面には窓が無かったが、1934(昭和９)年以降に通風の改善のため、妻面に窓の設置が行われた。初期車の台車は木製車時代から使用されていた電動車DT10、付随車ＴＲ11だったが、1928(昭和３)年製からDT11とTR23に変わった。また1929(昭和４)年までに製造された30・31系では車体幅の関係で、雨樋の取付けが

モハ30120(→モハ11046)　モハ30は多数が南武線に転出し50系と共に社型の置換えと輸送力増強に貢献したが、沿線の急激な発展によりさらに20m車の40系、４扉の72系に置換えられる。隣は鋼体化されたモニ13031。　1953.4.21　稲城長沼

モハ30056(→モハ11022) 改修されて腰板部のリベットが無く、標識灯(尾燈)は埋め込み式になっている。窓下の「III」は３等車の表示。木製車時代は赤の帯があったが半鋼製車では省略され、電車では２等の青帯のみが残された。 1952.7.24 東京

出来ずにドア上の水切りのみだったが、1929(昭和４)年７月の車輌限界拡大により、全周に木製雨樋が取り付けられた。

さらに初期製造のグループでは、電車がまだ客車の一部だった時代で、73000代の旧称号(電動車はデハ)を持っていた。1928(昭和３)年の称号改正で電車が独立した形式を名乗り、モハ30系となった。

最新鋭電車だった30系は、当時の代表線区である京浜線から優先して配置されたことから、２扉の２等車(現在のグリーン車に相当)を有していた。

１－２. 30系の基本形式と改造形式

■モハ30形(→モハ11形０番代)

205輌が製造されたが戦災と事故で46輌を失い、戦

モハ30060(→モハ11026)
古い架線柱が残る神田駅に停車中の内回り電車、２輌目にはモハ30から丸屋根・中間電動車化改造されたモハ10形(二代目)が組み込まれている。
1953.3.14 神田

後は多数が改造された。1953(昭和28)年6月の称号改正で10代形式に統合され、各形式は番代で区分された。この時点の輌数は、表1の合計159輌が在籍していた。

また、モハ11、クハ16ではDT11装備車には下2桁50～を付していた。

表1　モハ30形改造一覧表(1953年6月当時)

基本形式	モハ11	0番代	68輌	二重屋根の原形
改造形式	モハ11	100番代	5輌	丸屋根改造
	モハ10	(二代目)	24輌	中間電動車
	モハ14	110番代	2輌	2扉クロスシート
	クハ16	100・200番代	55輌	電装解除
	クハ18	10番代	2輌	2扉クロスシート
	クハ47	20番代	1輌	事故復旧車

モハ11036(←モハ30098)　甲修繕(今の全検にあたる)直後で、塗り替えられたベンチレータと通風のため開閉可能な明かり窓部の二重屋根の構造がよく判る。幕板部のプレートは同一線路を走る京浜東北線との誤乗防止用で、「山手」と記されていた。　1954.2.25　池袋区

製造所　汽車会社(東支)　日本車両 〃 (東支)　田中車両　川崎車両

三等電動車　　記号形式　モハ 11

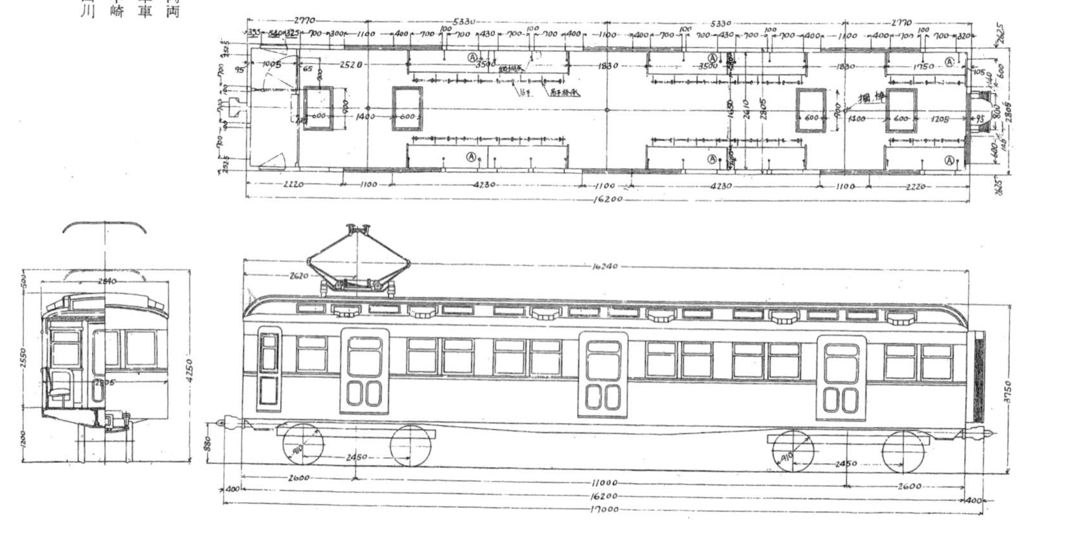

定員 ……102人
座席 ……40人
立席 ……62人
自重 ……42.10t
換算両数
積 ……4.5両
空 ……4.0両

台ワク形式 ……UF20
台車形式 ……DT10.11
電気方式 ……直流1500V
容量(1時間定格)
出力 ……400kw
引張力(全界磁)……3,450kg
速度(全界磁)……42.5km/h
最大運転速度 ……95km/h

電動機形式　ツリ掛式　MT 15B
〃 個数 ……4
歯数比　25:63=1‥2.52
制御方式
直並列、総括制御
制御装置
電磁空気カム軸接触器式
制御回路電圧 ……100V

ブレーキ装置
元空気ダメ管式電磁空気ブレーキ
手ブレーキ
製造初年 ……昭和元年
形式図図面番号 ……EC0364
製作図面表番号 ……E
取付部品表番号 ……E
記号形式 旧 ……モハ30

モハ11(旧モハ30)形式図

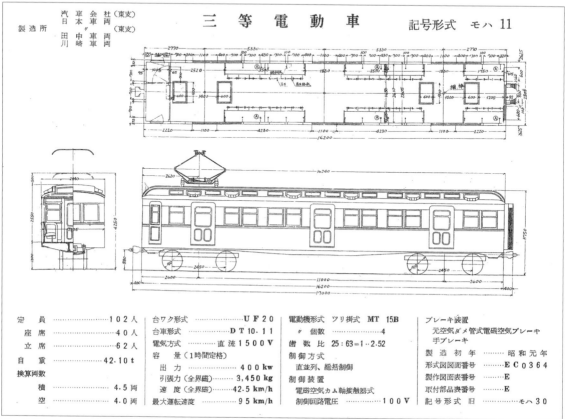

モハ30176(→モハ11076)　大糸線に転出したモハ30、クハ38、モハユニ44は、旧信濃鉄道から引き継ぎの木製車モハ20(→モハ1100)、モハユニ21(→モハユニ3100)、クハ29(→クハ5100)を置換えた。前面の梯子は当区独特のものだった。　1952.7.31　北松本区

飯田線のモハ11＋クハ16　飯田線では、モハ30、クハ38によって最初に転入した国鉄型の木製車モハ10、クハ15の置換えを行ったが、長距離運用のため２扉セミクロスシートに改造したモハ62とクハ77の10番代が生まれた。その後モハ32、クハ47の大量投入が行われた。
1953.9　豊橋

クハ16163(←クハ38099←モハ30205)　トイレ無しのクハ16がモハ14と２連を組んで、天竜川最上部の橋梁を渡る。豊橋に向かって６時間半の長旅のスタートである。
1953.9　辰野－宮木

クハ38079(←モハ30129／→クハ16121)　大糸線では貨車と連結する必要から連結器が自連に交換された。尾燈の２燈化は戦後行われたが、その配線が外付けされている。前面窓下には戦前に中央線で使用されていた引出し式の急行板枠が残る。
1952.7.31　松本

クハ38112(←モハ30172／→クハ16160)　中央線中野区の72系編成の下り方先頭に立つクハ38。三鷹区には連合軍専用車→クロハとなったクハ65(クハ16)付きの編成が多かったが、中野区は一般のクハのみだった。戦災を受けた丸の内駅舎屋根の仮復旧が完成の頃で、この仮の屋根は平成の復原まで使用された。　1952.5.24　東京

製造所　汽車会社　日本車両　田中車両　川崎車両
改造所　大井工機部

三　等　制　御　車　　記号形式　クハ 16

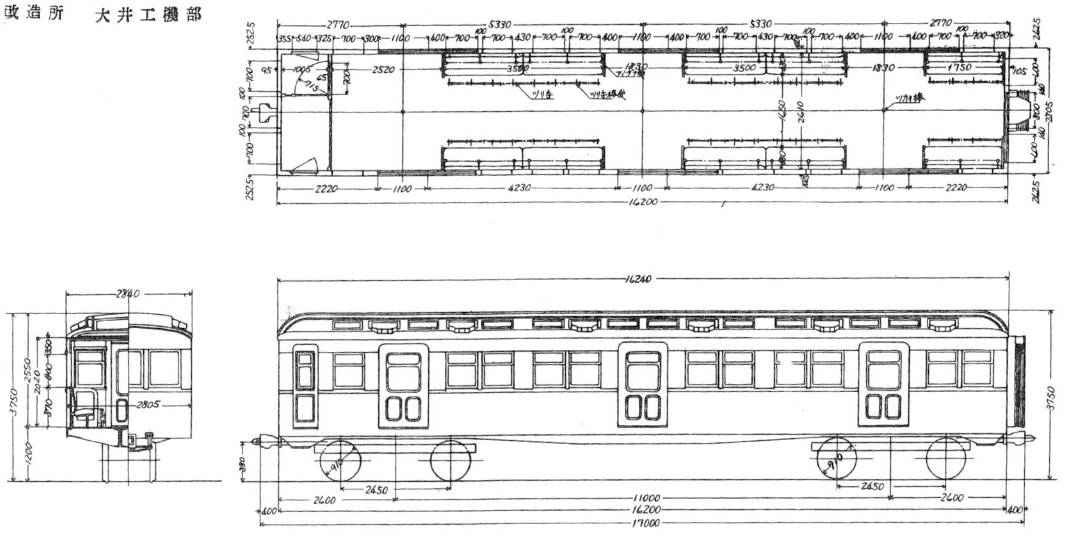

定　員	129人	台ワク形式	UF20	ブレーキ装置	
自　重	28.10t	台車形式	DT10.11	元空気ダメ管式電磁空気ブレーキ (AE)	
換算両数		電気方式	直流1500V	手ブレーキ	
積	3.5両	制御装置		製造初年	昭和元年
空	3.0両	主幹制御器付		形式図図面番号	EC03239
		制御回路電圧	100V	製作図面表番号	E
				取付部品表番号	E
				改造年度	昭和24年
				記号形式 改造前	モハ30
				記号形式 旧	クハ38

クハ16(旧クハ38／モハ30形改造)形式図

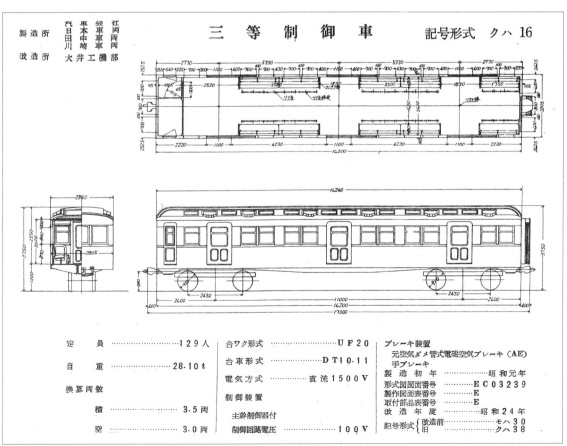

●主要な改造工事

・モハユニ30への仮改造

1930(昭和5)年3月横須賀線電車化に際して、郵便・荷物合造車としてラストナンバー5輌が仮改造のうえ使用された。1935(昭和10)年に専用のモハユニ44が登場したことから、同年に電車運転が延伸された総武線に転じ、一部は戦後まで使用されたが、その後モハ30に全車復元された。

・電装解除しクハ38に編入

戦中・戦後の混乱期には、資材と人手不足から稼働車輌数が極端に低下しており、主電動機を外されてクハ代用として使用されていた車輌も多数あった。これらの59輌が1947(昭和22)～1949年に電装を解除して、クハ38形50番代(→クハ16形100・200番代)となった。外された主電動機や電装品は、部品不足に悩む他車に活用された。

・丸屋根に改造

二重屋根は保守に手間がかかることや雨漏りの原因となることから、更新修繕－II工事施工に合わせて丸屋根改造が行われた。

また、戦時中に戦火を避けるために軍需工場の疎開が行われ、その工員輸送のために中央本線浅川(現・高尾)～大月間に電車運転が行われた。同線の狭小隧道を通過するため、パンタグラフを改造したモハ41が使用されていた。戦後も富士吉田への臨電、その後の河口湖への定期列車の運転が行われていたが、桜木町事故によりパンタ折り畳み高さの規定が制定され、低屋根の車輌が必要となった。そこでモハ30の丸屋根改造を行い、高さを3,650ミリとして中央線に投入することとなり、運転室付きのモハ30300(→モハ11100)を1輌と、中間電動車モハ30形500番代(→二代目モハ10)6輌が1951(昭和26)年大井工場で改造された。切妻屋根にグローブ型ベンチレータと、従来とは全く異なるスタイルで、1953(昭和28)年にモハ71形が登場するまでクハ65(→クハ16形400番代)と組んで使用された。

・2扉クロス車への改造

身延線、飯田線に転出したモハ30形2輌、クハ38形4輌は2扉クロスシートに改造されたが、窓柱と座席は一致していなかった。クハにはトイレが設置され、モハ62形10番代、クハ77形10番代となったが、1953(昭和28)年の称号改正でモハ14形110番代、クハ18形10番代に改称された。

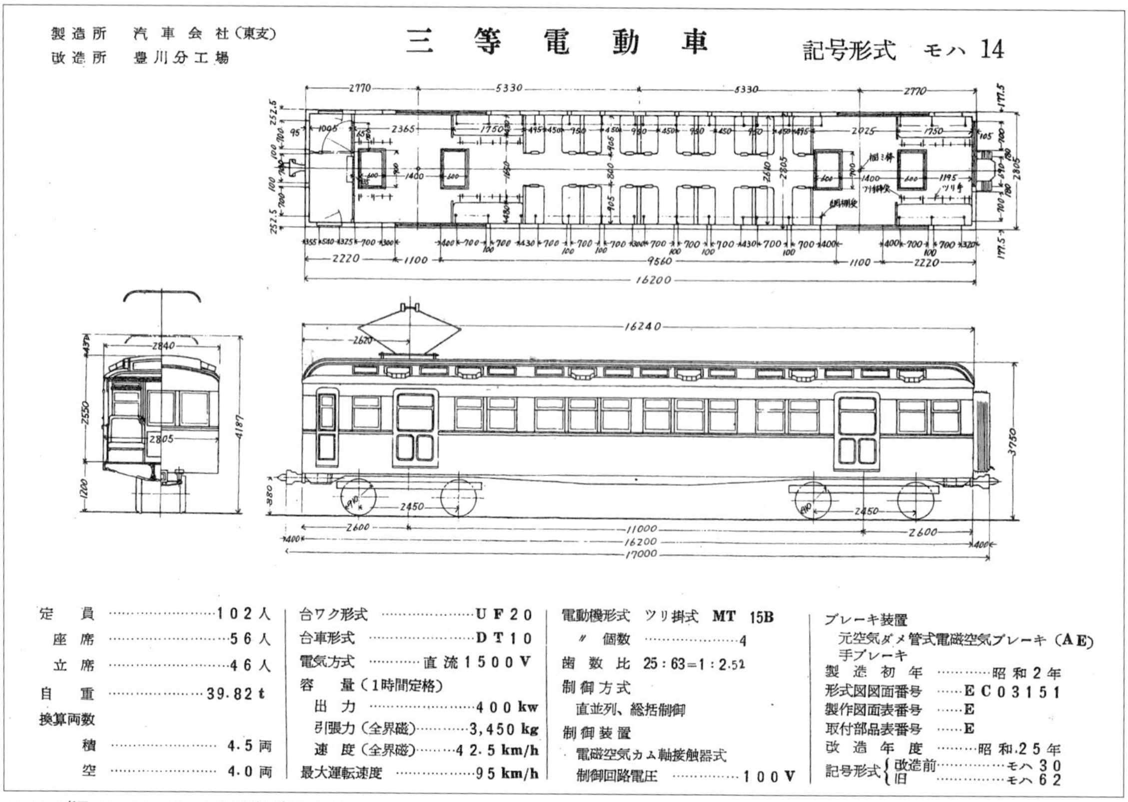

モハ14(旧モハ62／モハ30形改造)形式図

モハ62012(←モハ30074／→モハ14110)　旧豊川鉄道本社併設の豊川駅に停車中のモハ62。長距離運用に備えてモハ30を２扉セミクロス化したが、窓と座席配置は一致していなかった。モハ32の大量転入で改造は２輌にとどまった。　1952.5.2　豊川　P：小山政明

クハ18010(←クハ77018←クハ38058←モハ30024)　上のモハ62のペアとして改造され、こちらはトイレ付き。当初は２輌だったが、後に２輌が追加改造された。飯田線快速色でローカル運用につく姿。　1953.9　豊橋

クハ77019(←クハ38059←モハ30011／→クハ18015) 身延線の車輌が中央線に進出して甲府〜塩山間の運用を開始した。前面におでこヘッドライト時代の取付け座と、横位置にあったタイフォンが残る。 1953.3.8 甲府

製造所 川崎車両
改造所 名古屋工場

三 等 制 御 車

記号形式 クハ 18

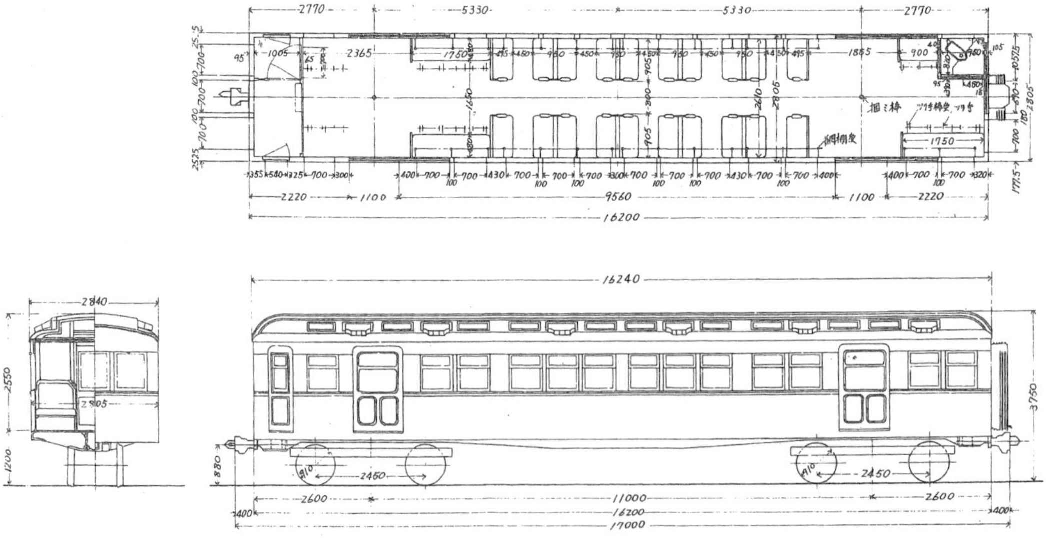

定員 ……97人
座席 ……54人
立席 ……43人
自重 ……31.22 t
換算両数
積 …… 3.5両
空 …… 3.0両

台ワク形式 ……UF20
台車形式 ……TR14
電気方式 ……直流1500V
制御装置
主幹制御器付
制御回路電圧 ……100V

ブレーキ装置
元空気ダメ管式電磁空気ブレーキ（AE）
手ブレーキ
製造初年 ……大正15年
形式図図面番号 ……EC03152
製作図面表番号 ……E
取付部品表番号 ……E
改造年度 ……昭和25年
記号形式 改造前……クハ38
旧……クハ77

クハ18(旧クハ77／クハ38形改造)形式図

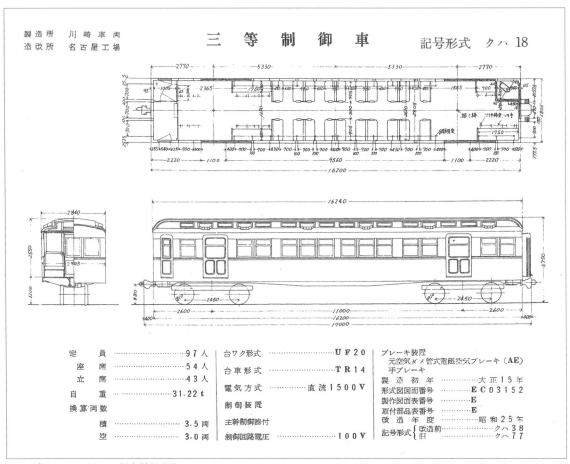

クハ47023(←モハ30173／→クハ47011二代目) 事故復旧時に20m化し、窓配置はクハ47のレイアウトを採用。切妻、全溶接、TR11台車という珍車だった。 1953.9 伊那松島区

・事故復旧車クハ47023

1950(昭和25)年に事故で焼損した30系モハ30173を、1952(昭和27)年豊川工場で復旧した車輌で、台枠を延長し20m２扉の車体を新造した。窓配置は32系クハ47と同様だが、切妻車体でガーランド型通風器、TR11台車という珍車だった。1959(昭和34)年にグローブ型通風器、台車をTR23に振替、クハ47形の種車による番号整理で、クハ47011(二代目)となった。

製造所　日本車両
改造所　豊川分工場

三等制動車　　記号形式　クハ 47

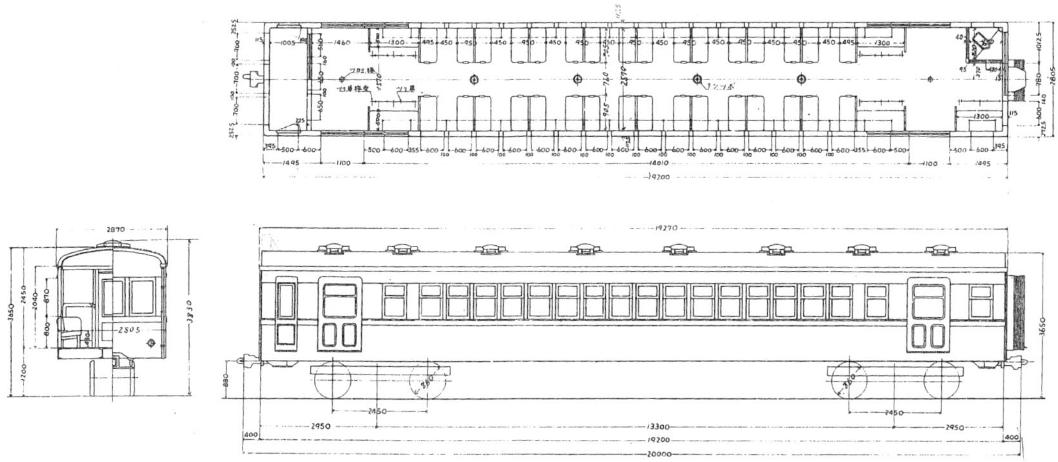

定員 …… 124人	台ワク形式 …… UF134	ブレーキ装置 元空気ダメ管式電磁空気ブレーキ(AE) 手ブレーキ
座席 …… 79人	台車形式 …… TR23	製造初年 …… 昭和4年
立席 …… 45人	電気方式 …… 直流1500V	形式図図面番号 …… EC03196
自重 …… 30.50t	制御装置	製作図面表番号 …… E
換算両数		取付部品表番号 …… E
積 …… 3.5両	主幹制御器付	改造年度 …… 昭和26年
空 …… 3.0両	制御回路電圧 …… 100V	記号形式 改造前 …… モハ30 / 旧 …… クハ47

クハ47023(→クハ47011二代目／モハ30173改造)形式図

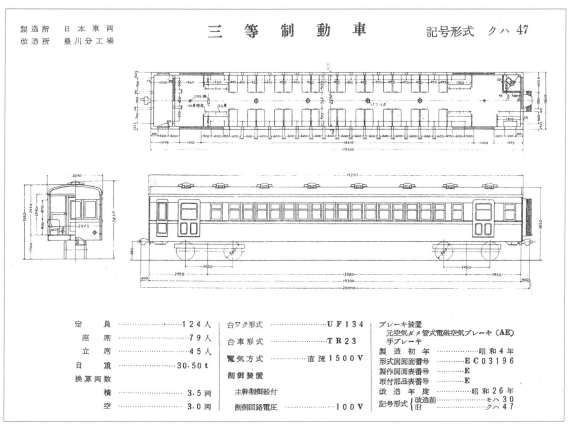

サハ17001(←サハ36002) 30系の窓と腰板部の天地寸法(800ミリ/床から窓敷居870ミリ)が、左の50系、右の31系(870ミリ/800ミリ)と逆だったのがよく判る。 1953.11.14 池袋区

■サロ35形

京浜線用の2等車で8輌が製造されたが、1938(昭和13)年戦時体制で横須賀線以外の京浜、東海道・山陽本線の2等車廃止により格下げされ、3等代用として使用された。戦時中の改造で3扉ロングシート化され、サハ36形サハ36046～36053に編入された。

■サハ36形→サハ17形0番代

本来の45輌にサロ35格下げ改造車8輌が加わった。改番時には28輌がサハ17形0番代となり、その後全車が丸屋根に改造されてサハ17形100番代となった。

製造所 川崎車両 / 日本車両(東支) / 汽車会社(〃)

三等付随車　記号形式 サハ 17

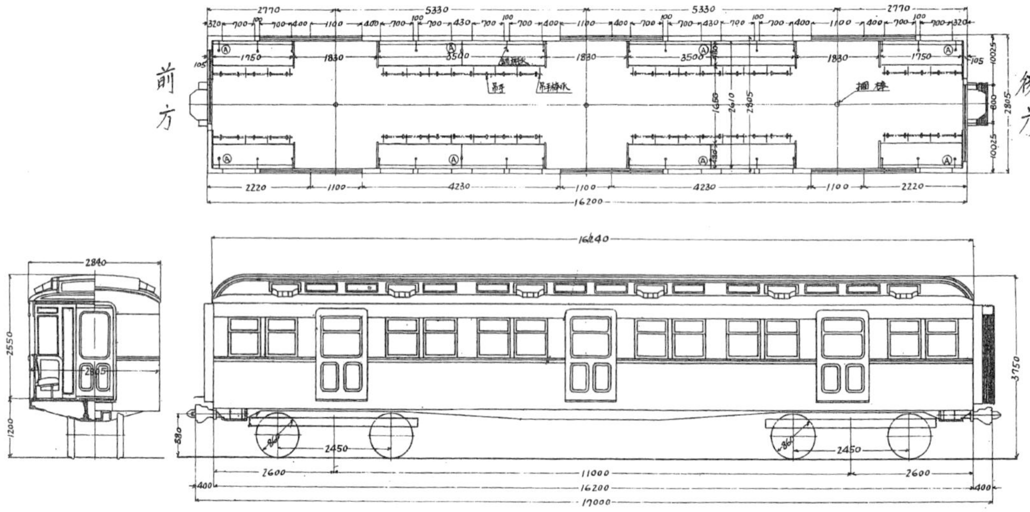

定員	120人	台ワク形式	UF20	ブレーキ装置	
座席	48人	台車形式	TR11	元空気ダメ管式電磁空気ブレーキ(AE)	
立席	72人	電気方式	直流1500V	製造初年	昭和元年
自重	27.35t	制御装置		形式図図面番号	EC0367
換算両数		制御回路電圧	100V	製作図面表番号	E
積	3.5両			取付部品表番号	E
空	3.0両			記号形式 旧	サハ36

サハ17(旧サハ36)形式図

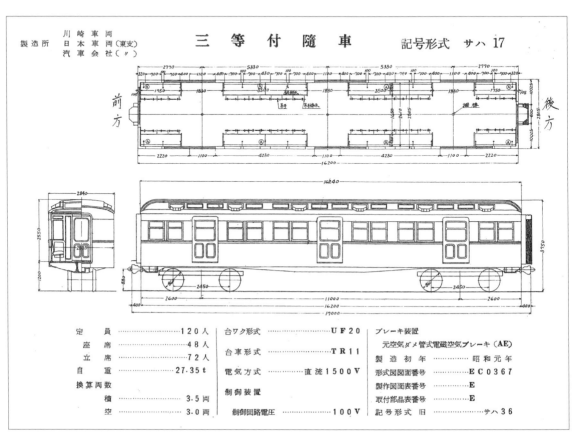

・戦災復旧配給車　ャサハ36→サル9400に改造

戦災を受けたサハ36042とサハ36048・36049（元サロ35）の３輌は、車体上半を切断して無蓋の配給車ャサハ36として復活し、電車区への資材を運搬する「配給電車」に使用された。称号改正でサル9400となった。

・２等車代用

サハ36023は戦後田町電車区に配置され、連合軍専用車（AFC）となっていたが、サロ45のAFCへの徴用による解除後も２等車不足のため、代用２等車サロ36023として使用された。

１－３．30系の配置

30系を含む17m車は戦後の一時期山手線に集中配置されたが、ラッシュの拡大とともに収容力不足が目立ち、次第に40、63、72系に置換えられた。30系は青梅・五日市、南武、鶴見線などの周辺線区に転出、早くから仙石、大糸、飯田、身延、福塩、可部、宇部・小野田線等の買収線区に都落ちした。また、車齢の高まりもあって営業用から引退し、木製事業用車の淘汰のため、事業用の救援車、配給車への改造が行われた。1977（昭和52）年に全車廃車されたが、JR東海「リニア・鉄道館」に、丸屋根・切妻・両運転台に改造されたクモハ12041（←クモヤ22112←モハ10016←モハ11047←モハ30131）が保存展示されている。

サハ36032（→サハ17014） 17m車が集中配置されていた山手線は、輸送力増強のため次第に20m車のモハ60、モハ72などが組み込まれてゆく。後ろに見える木造の跨線橋は現在の池袋駅メトロポリタン口付近にあたる。　1952.5.18　池袋

■

30系電車は、当時の標準型木製車であった初代モハ10形の外板を鋼板に変えた形態で、車輌メーカーの手慣れた構造をあまり変えることなく製造したため、二重屋根の構造も変わらなかった。しかしリベット組み立ての半鋼製車体は、木製車に比べて強度が飛躍的に向上した。発展期にあった省線電車では、半鋼製電車の大量増備が行われた。そして首都東京の発展とともに、山手線を中心として放射状に延伸され、その基幹交通機関に成長したのであった。

30系系統図

（▶は改造を示す）

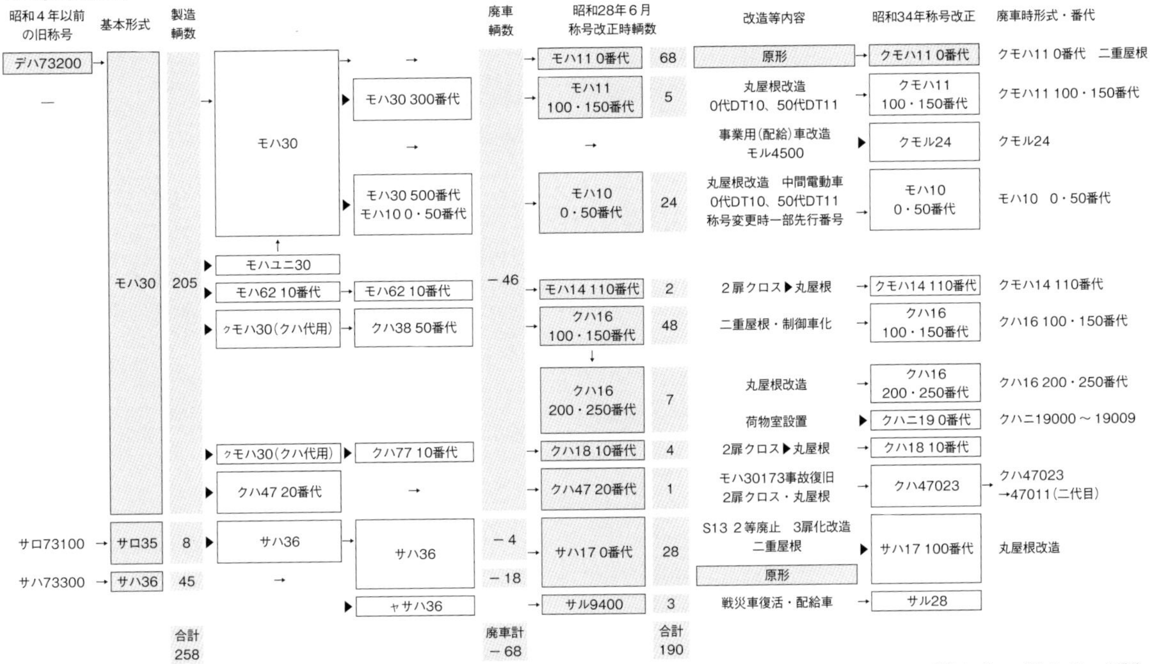

本書では1953（昭和28）年６月の称号改正時点を基準に記述しており、系統図では対象形式に網かけをしている。ただしモハ10 0・50番代、モハ11 100・150番代は、グローブ型ベンチレータ搭載のため本書の対象から除外した。

2. 31系

1929(昭和4)年から1931(昭和6)年にわたって、4形式164輌が製造された。モハ30形の性能はそのままで、車体の近代化を図った系列といえよう。

この時代、省線電車の運転は東京地区に限られていた。関東大震災後の職住分離などの生活様式の変化、サラリーマンなどの中間層の増加から、中央線沿線をはじめとする郊外での住宅地の開発が進み、ラッシュアワーの混雑が発生した。こうした社会情勢の変化に対応して、電車運転の区間も次第に延伸されていったが、中央線や山手線はまだ木製車の全盛時代だった。31系電車の大量増備により、これら線区の近代化が進められたのである。

2-1. 31系の特徴

車長は17mで、機器や性能、室内レイアウトは30系と同様だが、大きく変わったのが車体の構造である。

モハ11233(←モハ31057) モハ31、サハ36の後ろには、この頃、山手線にも次第に勢力を伸ばしていた72系モハ72が連結されている。原宿はまだ閑静な住宅地だった。

1954.1.26 原宿−渋谷

電車で初の丸屋根を採用し、窓と腰板の高さの寸法を30系（窓800ミリ・腰板870ミリ）と逆にして、窓の天地寸法を870ミリに拡大した。この結果丸屋根の効果もあって、30系と比べ車内が明るく、広く感じられるようになった。

1929（昭和４）年製までは30系同様に屋根外周の雨樋が無くドア上の水切りのみだったが、後年に取り付けられた。屋根上にはガーランド型ベンチレータが、中央部に１列配置された。軽合金製ドアの試用もおこなわれ、1930（昭和５）年製から妻連結面に窓が開けられた。

1931（昭和６）年製では従来の魚腹型台枠から溝形鋼台枠に変更され、側面車端部と妻面下部の形状が変化した。さらに、車体の一部に電気溶接が導入され、外板のリベット数が減少した。戦時中に通風器の３列化が行われたが、全車には及ばなかった。

戦後の更新修繕では、従来板張りだった30・31系３等車の座席背摺りが、初めて布張りに改善された。

モハ31065（→モハ11239） 31系の特徴は直線状の雨樋、客車並みの深い屋根と相まって、いかつい表情だった。1951年　池袋区

モハ34036（←モハ31022／→モハ12015） 両運転台のモハ34形、第２エンド側の増設運転台。貫通扉は開閉できなかった。
1951.6.5　弁天橋区

モハ11207(→モハ31009)　30系の重厚なデザインから一転して、近代的な軽快感のある車輌となった。　1953.11.14　池袋区

2－2.31系の基本4形式

モハ31形　モハ31001～31194　104輌：3扉ロングシートの17m車。

クハ38形　クハ38001～38019　19輌：半鋼製車初の制御車で、木製車時代のパンタグラフの搭載を中止。

サロ37形　サロ37001～37012　12輌：1938(昭和13)年の京浜線2等車連結廃止で、横須賀線に転出した2輌を除いた10輌が格下げ改造されサハ39に編入。

サハ39形　サハ39001～39029　29輌

合計164輌

30系が京浜線に集中配置されたのに対して、31系は山手線、中央線にも配置されて、老朽化した中型木製車モハ1系を淘汰して近代化に貢献した。

モハ11210・モハ31018　称号改正の直前で旧称号にアンダーラインを入れ、新称号が併記されている。このモハ11210は1959年に両運転台化され、クモハ12052となる。　1953.5.10　東京

モハ11213(←モハ31017) 31系の車体寸法は省線電車の標準となり、その後20m化されて40、42系に引き継がれてゆく。
1954.2.25 池袋区

三等電動車　記号形式 モハ 11

製造所
川崎車両
日本車両
汽車会社(東支)
日本車両(〃)
田中車両

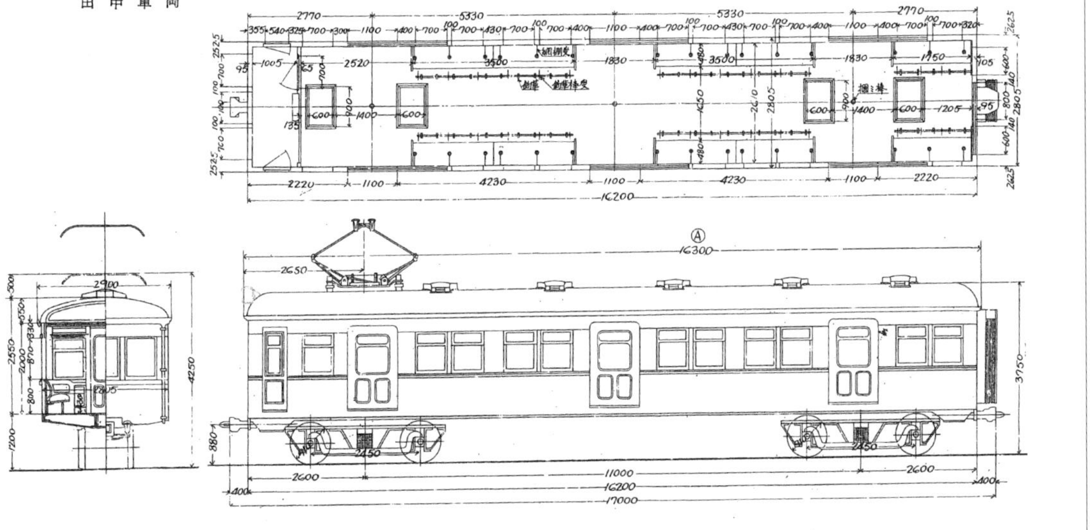

定員 ……102人
座席 ……40人
立席 ……62人
自重 ……41.75t
換算両数
積 ……4.5両
空 ……4.0両

台ワク形式 ……UF 24
台車形式 ……DTi1
電気方式 ……直流1500V
容量(1時間定格)
出力 ……400kw
引張力(全界磁)……3,450kg
速度(全界磁)……42.5km/h
最大運転速度 ……95km/h

電動機形式 ツリ掛式 MT 15B
〃 個数 ……4
歯数比 25:63=1:2.52
制御方式
直並列、総括制御
制御装置
電磁空気カム軸接触器式
制御回路電圧 ……100V

ブレーキ装置
元空気ダメ管式電磁空気ブレーキ(AE)
手ブレーキ
製造初年 ……昭和6年
形式図図面番号 ……EC0424
製作図面表番号 ……E
取付部品表番号 ……E903
記号形式 旧 ……モハ31

モハ11(旧モハ31)形式図

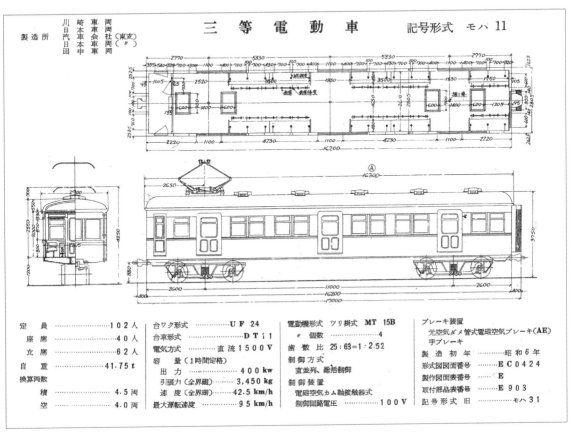

クハ38014(→クハ16004)　輌数の少ないオリジナルタイプのクハ38が総武線で先頭に立つのは珍しかった。　1952.8.20　船橋

クハ38010(→クハ16002)　従来クハは増結編成に多く、先頭車は電動車が多かったが、80系の影響とモハ72の増加により次第にクハ先頭の編成が多くなった。　1951年　池袋区

山手線のクハ16(←クハ38)形　まだ東京モノレールの建設前で、軌道柱が無く、空が開けている。　1954年　浜松町

製造所　日本車両　川崎車両

三等制御車　記号形式　クハ16

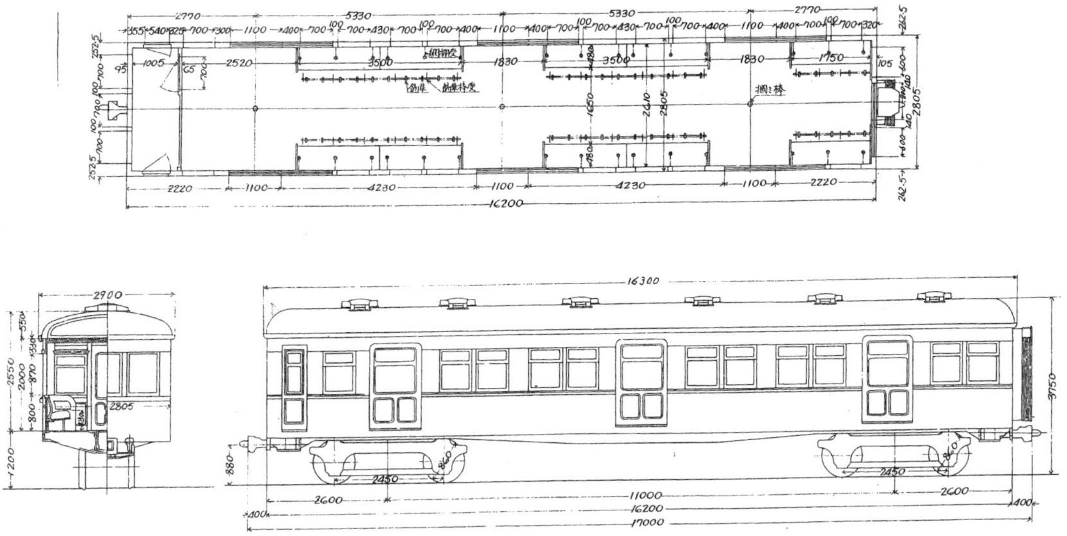

定員 ……102人	台ワク形式 ……UF20	ブレーキ装置
座席 ……40人	台車形式 ……TR23	元空気ダメ管式電磁空気ブレーキ
立席 ……62人	電気方式 ……直流1500V	手ブレーキ
自重 ……28.10t	制御装置	製造初年 ……昭和5年
換算両数	主幹制御器付	形式図図面番号 ……EC0425
積 ……3.5両	制御回路電圧 ……100V	製作図面表番号 ……E
空 ……3.0両		取付部品表番号 ……E
		記号形式 旧 ……クハ38

クハ16(旧クハ38)形式図

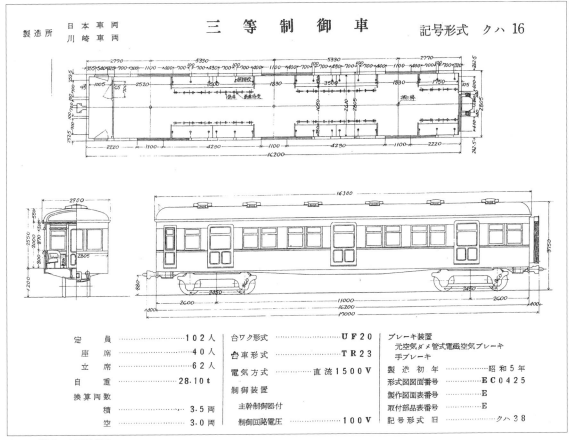

サロ15000(←サロ37001)　格下げ改造を免れた２輛は横須賀線で活躍したが、観光客が増加した伊東線に転じサロハ49を置換えた。
1954.2.27　田町区

製造所　田中車両

二等付随車

記号形式　サロ 15

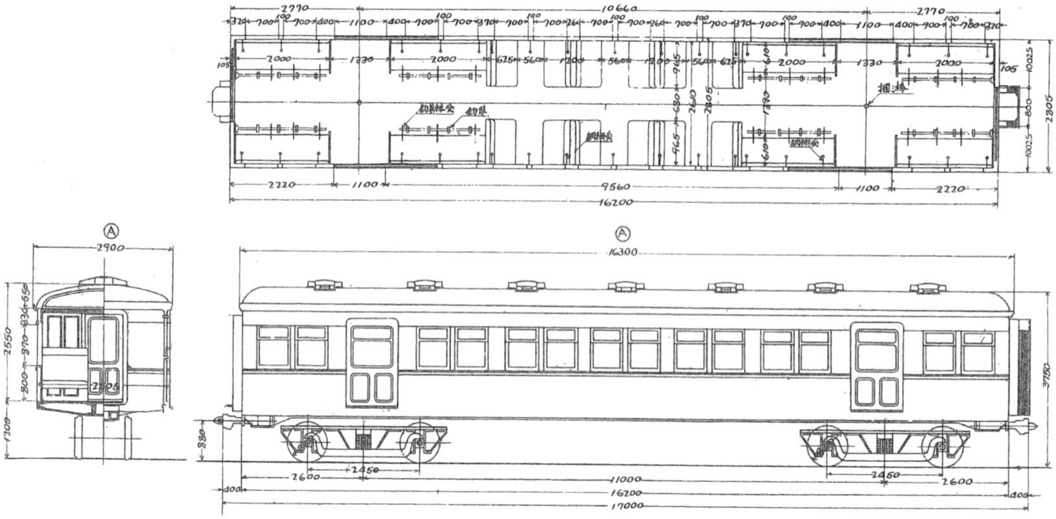

定員	56人	台ワク形式	UF20	ブレーキ装置	
座席	56人	台車形式	TR11	元空気ダメ管式電磁空気ブレーキ（AE）	
自重	26.65t	電気方式	直流1500V	製造初年	昭和4年
換算両数		制御装置		形式図図面番号	EC0417
積	3.5両			製作図面表番号	E
空	3.0両	制御回路電圧	100V	取付部品表番号	E
				記号形式 旧	サロ37

サロ15(旧サロ37)形式図

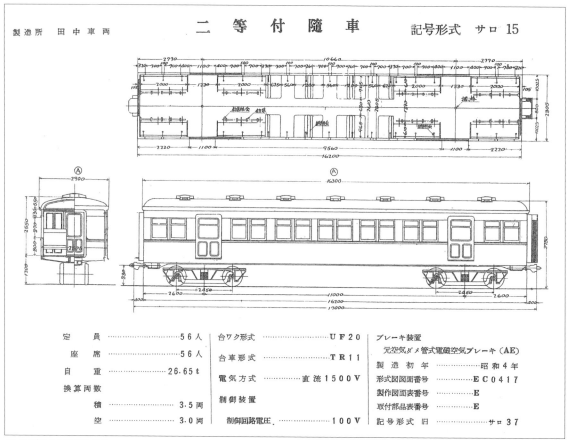

サハ17222(←サハ39039←サロ37010)　２等車サロ37からの改造車だが、３扉化されてオリジナルのグループと区別できない。　池袋区

製造所　日本車両（東支）　汽車会社（東支）　田中車両

三　等　付　隨　車　　　記号形式　サハ 17

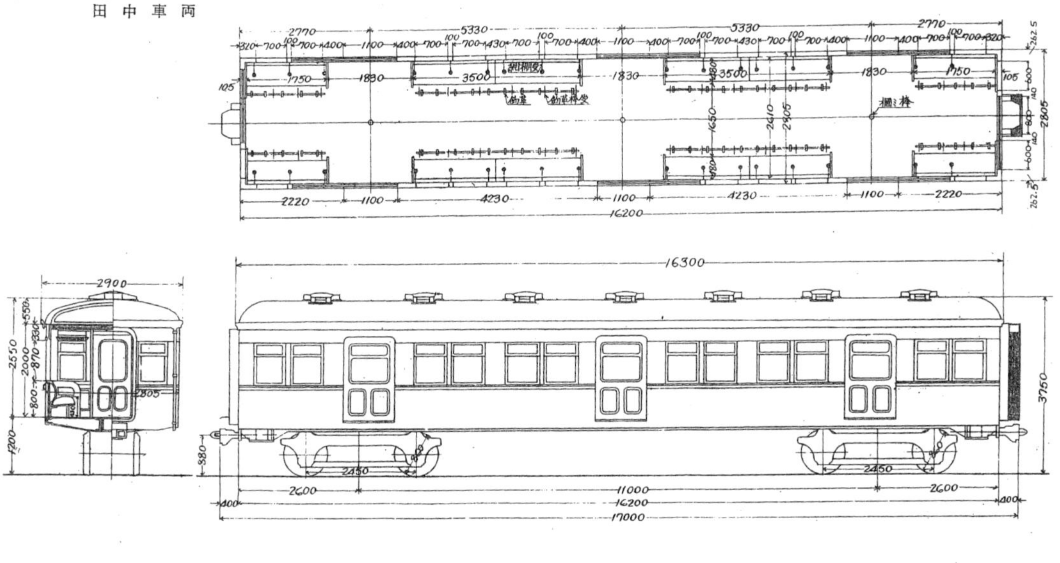

定員	120人	台ワク形式	UF25	ブレーキ装置	元空気ダメ管式電磁空気ブレーキ（AE）
座席	48人	台車形式	TR23	製造初年	昭和6年
立席	72人	電気方式	直流1500V	形式図図面番号	EC0426
自重	26.80t	制御装置		製作図面表番号	E
換算両数 積	3.5両			取付部品表番号	E903
換算両数 空	3.0両	制御回路電圧	100V	記号形式 旧	サハ39

サハ17(旧サハ39)形式図

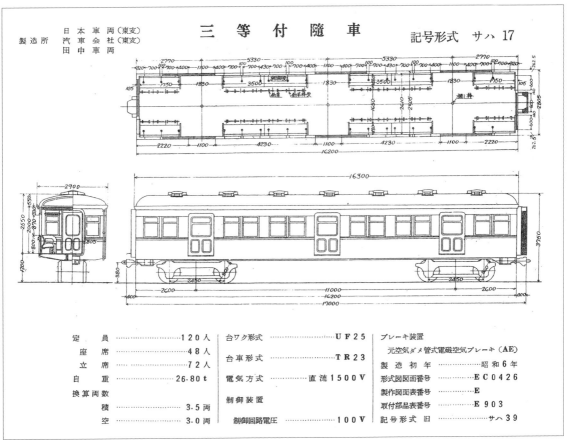

2－3. 31系の改造等

・戦災被害

31系は戦災被害が大きく、モハ31形25輛、クハ38形7輛、サハ39形14輛の計46輛が被災、事故車8輛も加えた54輛が改番時までに廃車されている。これら30・31系の17m級戦災車の鋼体は、戦後の車輛不足に悩む関東の私鉄各社（東急、西武、東武、京成、相鉄など）に払い下げられ、自社の工場で応急修理のうえ使用されて、戦後の一時期の輸送復興に貢献した。

・サロ37の格下げ改造

30系同様に1938（昭和13）年の2等車連結廃止により、サロ37形は横須賀線用に転じた2輛（サロ37001・37002）を残して、格下げ改造を受けサハ39030～39039となった。

・モハ31形クハ代用車を制御車化

状態不良や主電動機の転用等でクハ代用となっていたモハ31形5輛が、クハ38形クハ38200～38204（→クハ16300～16304）となった。

・両運転室モハ34へ改造

1950（昭和25）年に鶴見線の日中の単行運転用として、モハ31形9輛に運転台増設工事が大井工場で施工され、モハ34形30番代となった。

・連合軍専用車に指定

1946（昭和21）年以降に、クハ38010（山手線）、クハ38013（中央線）が半室、モハ34031（仙石線）が全車指定され、白帯車として使用された。仙石線ではモハ34020・34021と共に解除後もモロハとして一時使用された。

・称号改正で10代形式に

1953（昭和28）年6月の改番時に31系は、10代の各形式に統合され、番代で区分された。その輛数は以下の合計110輛だった。

モハ31形→モハ11形200番代　原形	：59輛
モハ34形30番代→モハ12形10番代 両運転台に改造	：9輛
クハ38形→クハ16形0番代　原形	：12輛
クハ38形200番代→クハ16形300番代 モハ31電装解除車	：5輛
サロ37形→サロ15形0番代 原形　横須賀線で使用	：2輛
サハ39形→サハ17形200番代　原形	：23輛

更新修繕－Ⅱ工事は1954（昭和29）年から開始され、妻面の雨樋が曲線化され、3桁の運行窓が新設され（直線のままの例外が1輛あり）、グローブ型ベンチレータ化が行われた。

column 31・32系の妻面雨樋

31・32系の妻面の雨樋は直線状で水平に取り付けられており、深い丸屋根とあいまって、いかつい表情に見えた。「更新修繕－Ⅱ」工事では3桁の運行窓設置の必要スペース確保のために、雨樋をアーチ状の曲線に変更・施工された。しかしクハ16001は直線状で出場して、狭いスペースに3桁の運行窓を設けるため、窓の上部をカットしたので、ただ1輛の特異なスタイルの珍車となった。

column 鶴見線で活躍した最後の17m国電

1959（昭和34）年にモハ11（旧モハ31）から追加増備されたモハ12050～12055は、72系の転入で4輛が廃車されたが、残ったクモハ12052・12053の2輛は、急カーブのある大川支線用となった。1991（平成3）年からは客室窓に保護棒を付けて使用され、最後の旧型17m国電として1996（平成8）年まで活躍した。このうちクモハ12052は東京総合車両センターに保管されている。

更新修繕後のクハ16001。助士側窓上部をカットした唯1輛の特異なスタイル。　1955.8　浜松町

山手線のモハ12(←モハ34)形　両運転台に改造されたモハ12(←モハ34)が、第2運転台を前にして渋谷に向かう。転出前の一時期に山手線で使用の情景。2輌目にはモハ30改造の中間電動車モハ10(二代目)が連結されている。　1954年　原宿－渋谷

モハ34036(←モハ31022／→モハ12015) 鶴見線の増結用と日中の単行運転用に、モハ31に運転台を増設してモハ34形30番代が生まれた。増設運転台側には一人用の座席があった。 1951.6.5 弁天橋区

製造所 日本車両 / 日本車両(東支) / 川崎車両 / 汽車会社(東支)
改造所 大井工場

三等電動車 記号形式 モハ 12

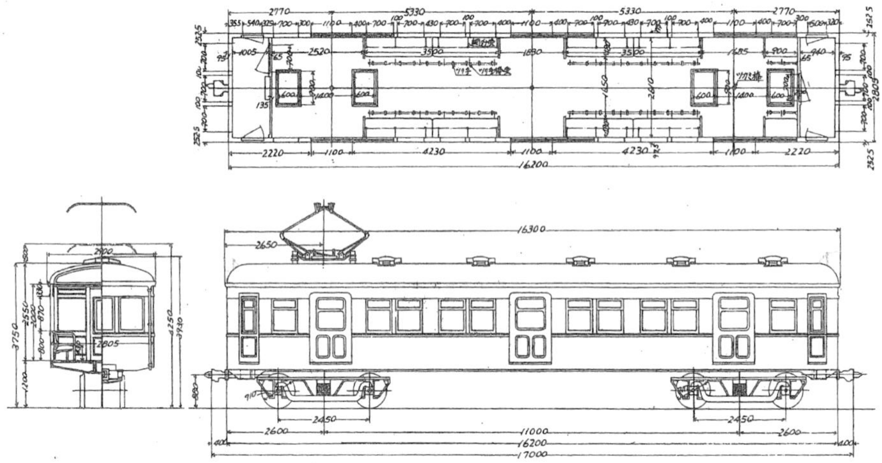

定員 ……………121人
自重 ……………41.75t
換算両数
積 ……………4.5両
空 ……………4.0両

台ワク形式 ……………UF20
台車形式 ……………DT11
電気方式 ……………直流1500V
容量(1時間定格)
出力 ……………400kw
引張力(全界磁)……………3,450kg
速度(全界磁)……………42.5km/h
最大運転速度 ……………95km/h

電動機形式 ツリ掛式 MT 15B
〃 個数 ……………4
歯数比 23：63＝1：2.52
制御方式
直並列、総括制御
制御装置
電磁空気カム軸接触器式
制御回路電圧 ……………100V

ブレーキ装置
元空気ダメ管式電磁空気ブレーキ (AE)
手ブレーキ
製造初年 ……………昭和4年
形式図図面番号 ……EC03216
製作図面表番号 ……E
取付部品表番号 ……E
改造年度 ……………昭和25年
記号形式 改造前……………モハ31
旧 ……………モハ34

モハ12(旧モハ34／モハ31形改造)形式図

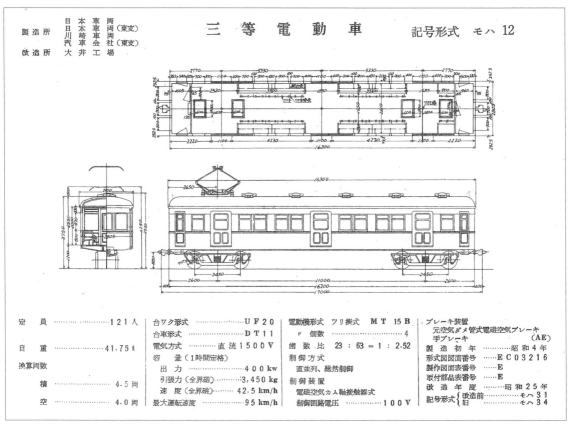

山手線のモハ31＋サハ36… 神宮の森をバックに走る山手線電車。同線は17m級国電のメッカだった。 原宿－代々木

2－4.31系の配置

30系が京浜線に集中配置されたのに対して、31系は山手線、中央線にも配置されて、老朽化した中型木製車モハ１系を淘汰し、近代化に貢献した。

戦後は山手線に17m車が集中配置されたが、収容力の不足から、その後は鶴見線、南武線などの周辺線区へ、さらに仙石線、宇部線などの地方線区への転出が進められた。横須賀線に残った２輌のサロ37形は連合軍専用車解除後、２等客の増加した伊東線に転じてサロハ49(←クロハ49）を置換えたが、1964(昭和39）年にサハ15に格下げとなり、室内はそのままで、日光線、飯田線に転じて使用され1966(昭和41）年に廃車された。

また、1960年代には多数が事業用車(クモヤ22、クモエ21、クモル23、クモル24）に改造され、木製の事業用車の近代化を図った。

■

31系電車は、木製車の構造を引き継いだ30系から脱皮して、新しいスタンダードとなった系列である。近代的な丸屋根と車体の主要寸法は、新設計の付随台車TR23と共に、その後の各系列に引き継がれた。

また、性能面では弱界磁やギア比、ブレーキを変更して高速化を図った横須賀線用の32系に発展した。そして標準化の思想はさらに推進され、1932(昭和７）年には20m級車体を持つ40系で花開くことになる。

31系系統図 （▶は改造を示す）

基本形式	製造輌数			廃車輌数	昭和28年6月称号改正時輌数		改造等内容	昭和34年称号改正	廃車時形式・番代
モハ31	104	→	→	−31	モハ11 200番代	59	原形	→ クモハ11 200番代	クモハ12 200番代・50番代、クモル23、クモル24 10・20番代、クモヤ22、クモエ21、クモヤ790
		▶ モハ34 30番代	→		モハ12 10番代	9	両運転台化	→ クモハ12 10番代	クモハ12 10番代
			↘ 半室連合軍専用		→ モハ12 10番代 仮クロハ（↑）				
		▶ クハ代用	→ クハ38 200番代		→ クハ16 300番代	5	制御車化	→ クハ16 300番代	クハ16 300番代
サロ37	12	→ サロ37	→ 連合軍専用車	−5	→ サロ15	2	原形 横須賀線に転用	→ サロ15	格下げ：サハ15000・15001
		→ サハ代用	▶ サハ39		→ サハ17 200番代	5	S13 2等廃止 3扉化	→ サハ17 200番代	サハ17 200番代
クハ38	19	→ →	→	−7	→ クハ16 0番代	12	原形	→ クハ16 0番代	クハ16 0番代
		▶ 半室連合軍専用 ▶					荷物室設置	▶ クハニ19021	クハニ19 200番代、クル29 20番代
サハ39	29	→ →	→	−11	サハ17 200番代	18	原形	→ サハ17 200番代	サハ17 200番代
	合計 164			廃車計 −54		合計 110			

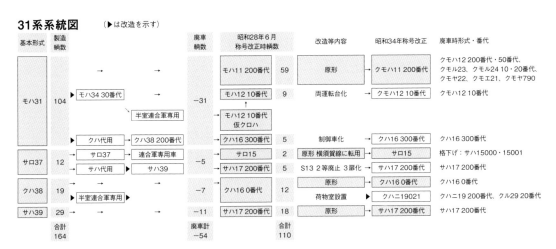

横須賀線モハ32形　更新修繕を受けてスカ色となったモハ32先頭の横須賀線電車。編成中にまだ3扉車（2・4輌目のサハ57、最後部のモハ41）が入っている。茶色は連合軍専用車のクロハ69で、2等車は連結されていない。
1950.6.18　大森ー蒲田　P：富田　武（所蔵：長谷川　明）

3．32系

32系は1930(昭和５)年度から1931(昭和６)年度に製造された横須賀線専用形式で、モハ32、サロ45、サロハ46、クハ47、サハ48、クロ49の６形式111輌である。

横須賀線は、海軍省が横須賀軍港に鎮守府を置いたことから、軍の要請で1889(明治22)年に大船～横須賀間16.2kmが開業した。1924(大正13)年に全線複線化、電化は1925(大正14)年12月東海道本線東京～国府津間と同時に完成した。当初は電機牽引の客車列車だったが、電車化が計画され、1930(昭和５)年３月に開業した。

東京～横須賀間62.4kmは当時としては長距離で、専用の２扉クロスシート車が導入された。しかし、電車運転の開始時には32系の落成が間に合わず、京浜、山手、中央線からモハ30、モハ31と木製車のクハ15、サロ18、サハ25など、計101輌をかき集めてのスタートだった。皇室の臨時用には、帯色を２等の青に変えたナイロフ20550を、モハ30、モハ31がはさむ形で使用された。

3－1．32系の特徴

32系の特徴は、制御車、付随車の車長が初の20mとなったことであるが、電動車モハ32は20m車での引張力の設計が間に合わずに17mとなった。客車と同等のサービスをめざし、各車に引戸の貫通扉を付け、幌を取付けた。長距離運転のため、多座席仕様で客用扉は極力車端部寄りに設置された。台車はDT11、TR23を使用した。TR23は標準台車として、コロ軸に改良されて戦後の新製車まで使用された。歯車比を1:2.26に変え、主電動機は70%弱界磁端子付きのMT15Aを搭載、ブレーキはAEブレーキを採用して、高速運転に備えた。

32系は1930(昭和５)年秋から落成し始め、1930(昭和５)・1931の両年度にわたって製造された。

モハ32	モハ32001～32045	45輌
サロ45	サロ45001～45013	13輌
サロハ46	サロハ46001～46013	13輌
クハ47	クハ47001～47010	10輌
サハ48	サハ48001～48028	28輌
クロ49	クロ49001・49002	２輌
		計111輌

32系の完成後、30系モハ30改造のモハユニ30形５輌を加えて、1931(昭和６)年４月１日から運転を開始した。

横須賀線の運転は、東京～大船間の線路(旅客線)を東海道線と共用していたことから、運転間隔は日中30分、ラッシュ時15分であった。東京～横須賀間の所要時間は客車時代の86分から68分に短縮された。編成は基本がサロ(サロハ)入り４輌、付属がサロハ入り３輌または２輌だった。皇族用のクロ49は横須賀

横須賀線のモハ32形　横須賀線は東京駅７番線に発着していた。クハ76を先頭にした基本編成に32系３輌が増結されている。５輌目には連合軍専用車(AFC)の姿が見える。
1951.10.23　東京

モハ32044(→モハ14044→クモハ14013)　当時、横須賀線の基地は品川駅に隣接した田町電車区であり、乗務員の交代も行われていた。
1952.10.23　品川

線の特有の車輌で、葉山御用邸への皇族のご利用や軍籍にある皇族の横須賀軍港へのご乗用に充てられた。専用列車または

←東京　モハ32＋クロ49＋一般編成　横須賀→

の形で、一般編成の上り方に増結されて運転された。増結・基本が７輌の時は９輌の長編成となり、まさに「関東省電のフラグシップ」となった。

専用形式として、1934(昭和９)年には20mのモハユニ44形５輌が追加製造され、モハユニ30と交代したが、製造年度から42系に属するので後述する。

３－２. 32系の基本形式

モハ32、クロ49、クハ47、サロ45、サロハ46(→サロハ66)、サハ48の６形式であるが、1943(昭和18)年の戦時改造で一部が４扉化されて、クハ85(→クハ79形60番代)、サハ78形10番代となった。また、戦後の1953(昭和28)年には、皇族用だったクロ49形２輌が一般用となりクロハ49となった。

モハ32形の室内
天井の通風口は３列化されている。シートの生地は「工」のマーク入り。これは靴磨き用にカットされることを防止するためだった。
1952.6.3　富士区

モハ32014(→モハ14014→クモハ14805)　この当時の富士電車区に配置された電動車は、３輛のモハ62と、モハユニ44、モハニ41016以外すべてモハ32だった。
1952.6.3　富士区

■モハ32(→モハ14)

32系唯一の17m車で1930(昭和５)・1931年に45輛が製造された。台車はDT11で高速運転時の横揺れが大きかった。1949(昭和24)年モハ32028を使用して塗装試験が行なわれた。前面と左側面がスカ色、右側面が湘南色に近い色。連結面がグレー系に塗られて、約５か月間走り、ファンからは「お化け電車」と呼ばれたが、これにより現在の「湘南色」と「スカ色」が決定したのだった。1953(昭和28)年の称号改正でモハ14となり、身延線用の低屋根改造車はモハ14形800番代となった。低屋根化以外は大きな改造を受けることなく、1970(昭和45)年に全車が廃車された。

製造所　汽車会社(東支)
川崎車両

三　等　電　動　車

記号形式　モハ 14

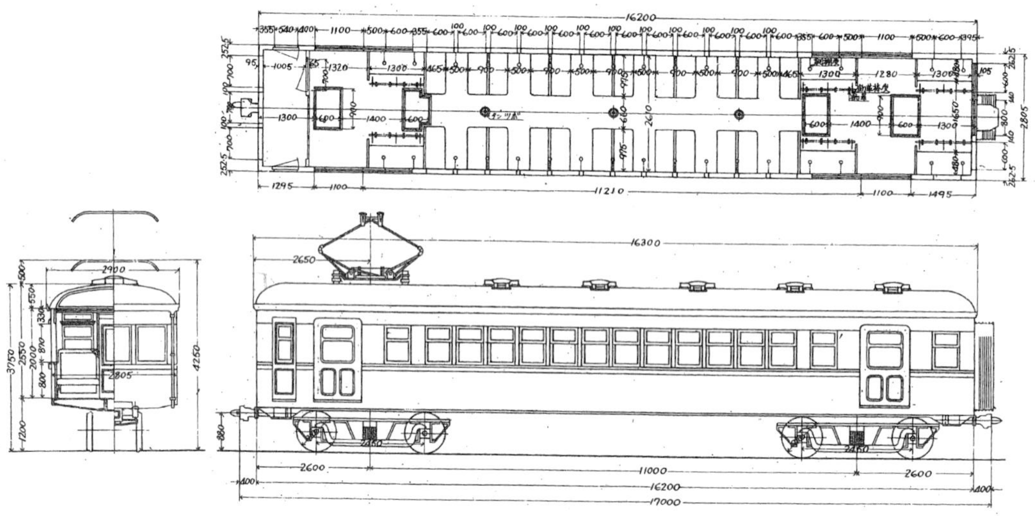

定　員 ……………………100人
座　席 ……………………66人
立　席 ……………………34人
自　重 ……………………43.10 t
換算両数
積 ……………………4.5両
空 ……………………4.0両

台ワク形式 ……………………UF 20.24
台車形式 ……………………DT11
電気方式 …………直流1500V
容　量(1時間定格)
出　力 ……………………400 kw
引張力(70%界磁)…… 2,700 kg
速　度(70%界磁)………56 km/h
最大運転速度 ……………95 km/h

電動機形式　ツリ掛式　MT　15C
〃　個数 ……………………4
歯数比　25：63＝1：2.52
制御方式
直並列、弱界磁、総括制御
制御装置
電磁空気カム軸接触器式
制御回路電圧 ……………100V

ブレーキ装置
元空気ダメ管式電磁空気ブレーキ(AE)
手ブレーキ
製造初年 …………昭和6年
形式図図面番号 ………EC0438
製作図面表番号 ………E
取付部品表番号 ………E 903
記号形式　旧 ……………モハ32

モハ14(旧モハ32)形式図

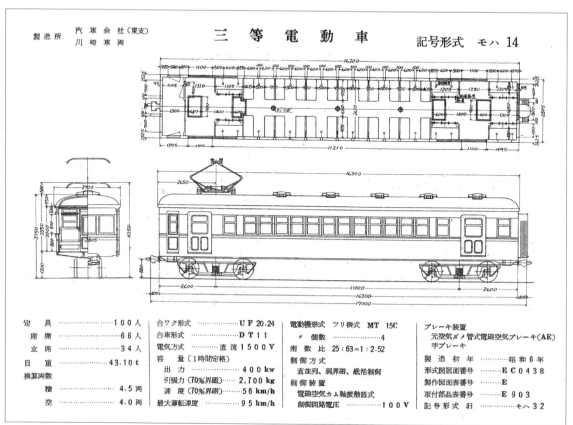

飯田線のモハ32形　２輌目に旧三信鉄道引き継ぎの社型クハ5800を組み込んだ４連が、多数のお客が待つホームに進入する。
1953.9　中部天竜

モハ32006(→モハ14006→クモハ14002)　伊那松島は飯田線北部の要衝。車輌基地の伊那松島機関区があり、乗務員交代も行われた。
1952.7.31　伊那松島

■サロ45

13輌が製造され、うち2輌がサロハ66に改造された。戦時中の2等車廃止で全車の4扉改造が計画されたが、海軍の要請により改造は6輌にとどまった。残った6輌は戦後の白帯車に指定され、返還後は新製されたサロ75(→サロ46)とともに2等車として新性能化まで使用された。更新修繕－Ⅱでグローブ型ベンチレータ化、新型座席への取替え、便・洗面所設置が行われた。

■サロハ46

サロハ46は便所設置で全車がサロハ66001～66013となった。

■クハ47

付属編成用のクハで、戦前は編成の先頭として走ることはなかった。サロ45同様、戦時中の4扉改造は全車の予定だったが、2輌の実施にとどまった。

■サハ48

28輌が製造され、定員は座席86人、立席38人、計124人と最大であった。戦後、10輌が連合軍専用車に指定されてロングシートに改造され、解除後は代用2等車として使用された。

◀**サハ48連合軍専用車**
講和条約発効が近づき、ALLIED FORCES CARの文字が消された。室内は足の長い外国人向きに、長いロングシートに改造されていた。　1951年　東京

▼**サロ45005**
サロ45は優等車にふさわしくゆったりとした窓配置だった。スカ色のブルーと2等の青帯が見にくいことから白色の細帯が追加された。
1953.10.17　田町区

製造所　田中車両

二等付随車

記号形式　サロ 45

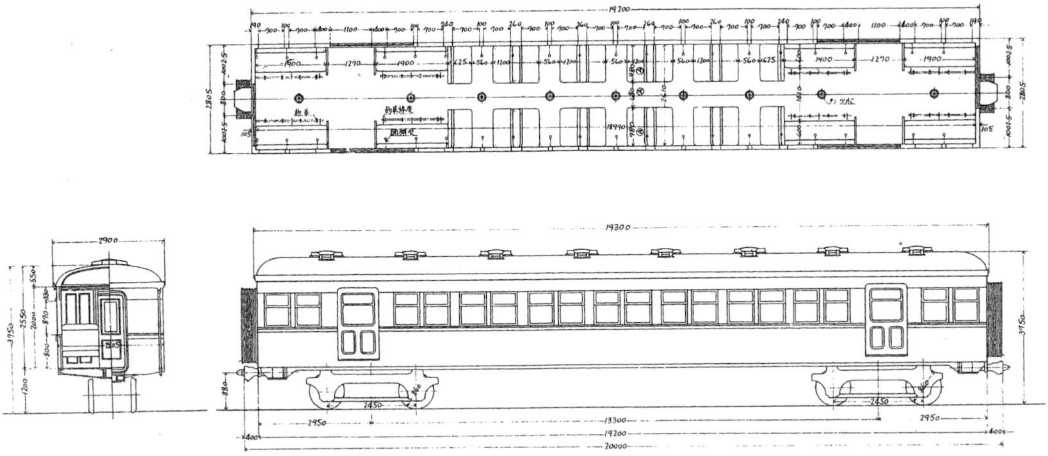

定員	72人	台ワク形式	UF23	ブレーキ装置	元空気ダメ管式電磁空気ブレーキ（AE）
座席	72人	台車形式	TR23	製造初年	昭和6年
自重	30.80t	電気方式	直流1500V	形式図図面番号	EC0439
換算両数		制御装置		製作図面表番号	E
積	3.5両			取付部品表番号	E 903
空	3.0両	制御回路電圧	100V	記号形式 旧	サロ45

サロ45形式図

製造所　日本車両
改造所　豊川分工場

三等制御車

記号形式　クハ 47

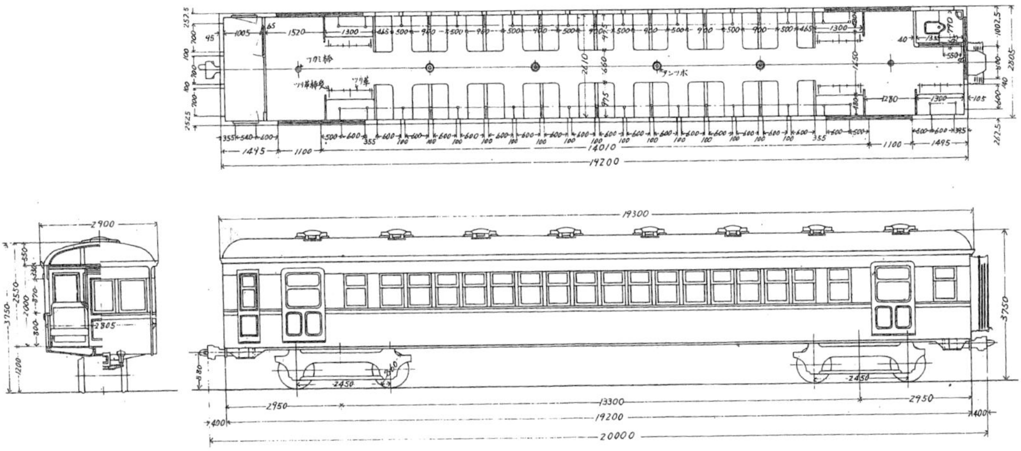

定員	115人	台ワク形式	UF23	ブレーキ装置	元空気ダメ管式電磁空気ブレーキ（AE） 手ブレーキ
座席	80人	台車形式	TR23	製造初年	昭和5年
立席	35人	電気方式	直流1500V	形式図図面番号	EC03158
自重	30.80t	制御装置		製作図面表番号	E
換算両数		主幹制御器付		取付部品表番号	E
積	3.5両			改造年度	昭和26年
空	3.0両	御制回路電圧	100V	記号形式 旧	クハ47

クハ47（便所設置改造後）形式図

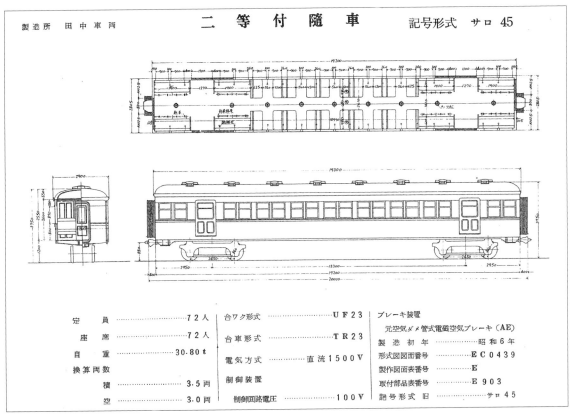

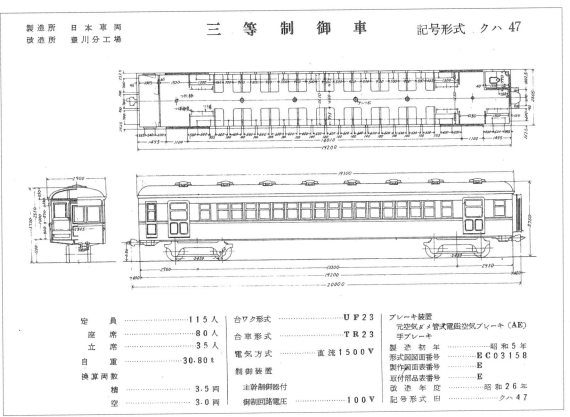

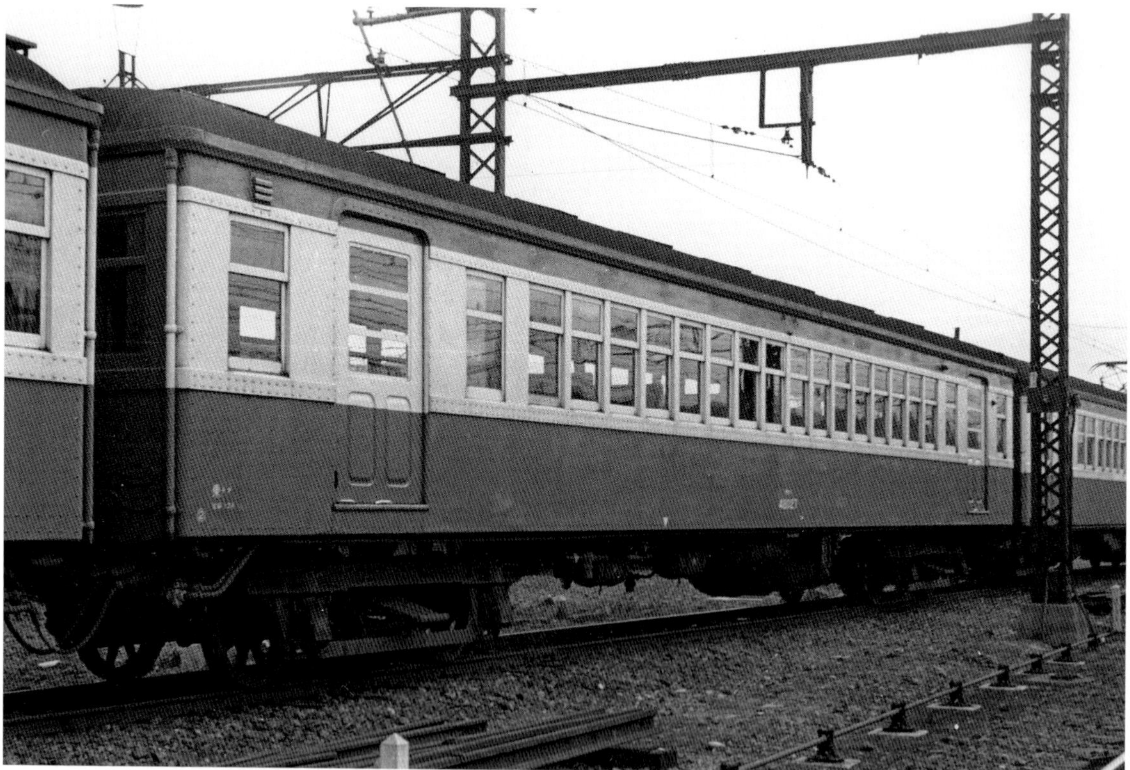

サハ48027　サハ48は80系が登場するまで86名という電車の最多座席数を保持していた。この48027はクハへの改造を免れて最後までサハで残った３輌のうちの１輌である。
1953.11.20　田町区

製造所　汽車会社（東支）日本車両

三　等　付　随　車　　記号形式　サハ 48

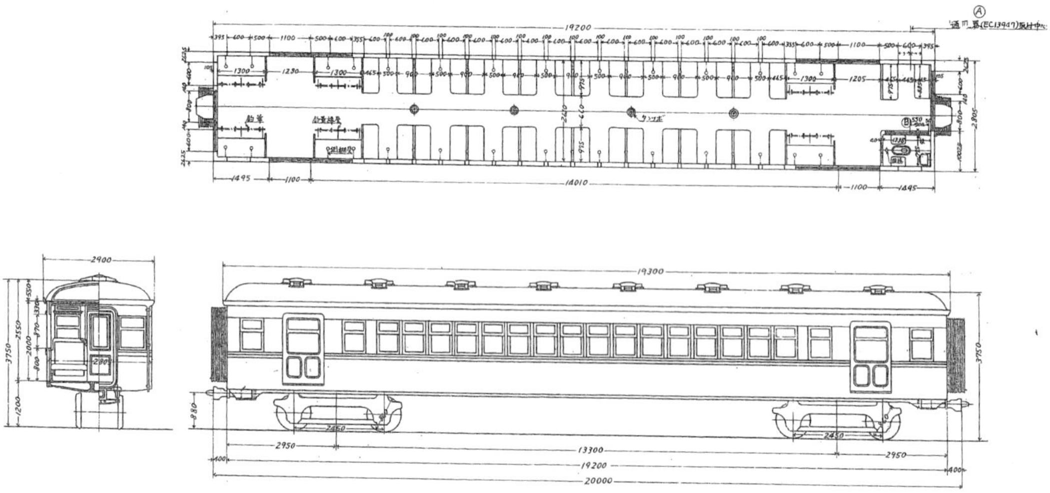

定員……124人	台ワク形式……UF23	ブレーキ装置
座席……86人	台車形式……TR23	元空気ダメ管式電磁空気ブレーキ（AE）
立席……38人		製造初年……昭和5年
自重……30.70t	電気方式……直流1500V	形式図図面番号……EC0516
換算両数		製作図面表番号……E
積……3.5両	制御装置	取付部品表番号……E｛903 907
空……3.0両	制御回路電圧……100V	記号形式 旧……サハ48

サハ48形式図

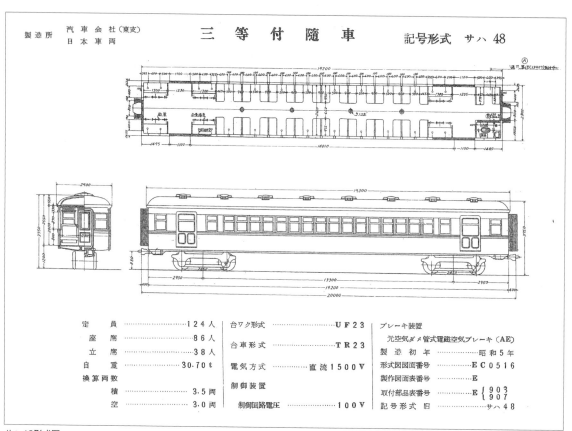

サハ48028　サハ48はAFC解除後もロングシートのままで、代用２等車として使用された。右のサロ46と共に基本編成に２等車２輌が連結されていた時代。　1953.11.20　田町区

■クロ49

横須賀線独特の貴賓車だったが、戦後は遊休車状態だったことから、伊東線の電車化に際して大井工場で一般用のクロハに改造された。

クロ49001→クロハ49000、クロ49002→クロハ49002

旧貴賓室側が２等室、控室側が３等室となり、伊東方先頭車として使用された。1956(昭和31) 年更新修繕－Ⅱ施工時にサロハ49に改造され、運転室と便・洗面所を撤去し２等室と３等室の位置を変更して、サロハ49000・49001となった。サロ15に置換え後サハ代用として使用され、1962(昭和37) 年度に変則位置にあったドア位置も改造して、サハ48040・48041となり、宇野線で使用され1976(昭和51) 年に廃車された。

クロ49001(→クロハ49000)　一般用に改造のため、御料車庫から引き出された２輌のクロ49。前位の窓下にご紋章台座がある。今まで雲の上の存在だった車輌を初めて見て感激したことを覚えている。改造後は「49000」となった。　1952.5.15　大井工場

クロ49001(→クロハ49000)　クロ時代、運転時には必ず中間に連結されるため、前面が先頭に出ることが無かった。前面の基本的な形状はクハ47と変わらない。
1952.5.15　大井工場

製造所　日本車両
改造所　大井工場

二、三等制御車　記号形式　クロハ49

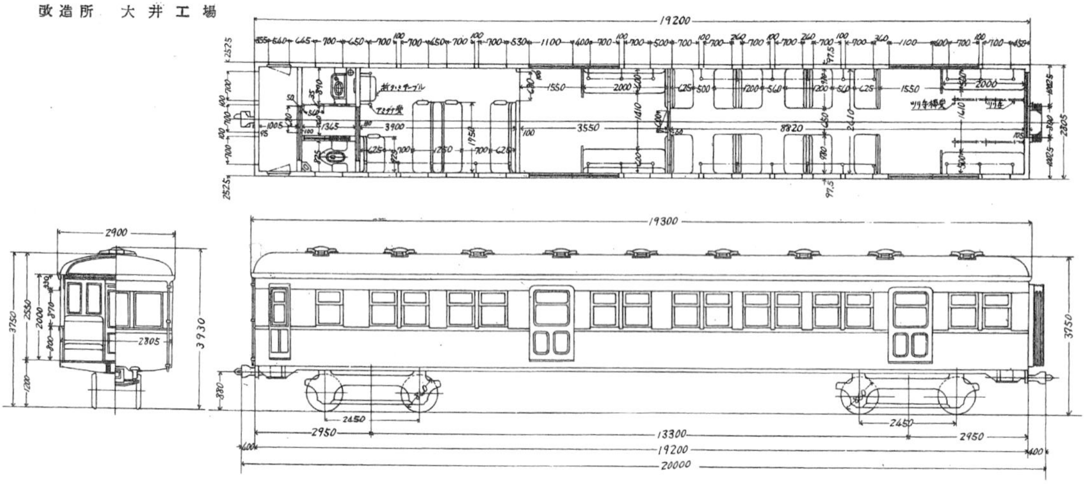

定員	73人	台ワク形式	UF23	ブレーキ装置	元空気ダメ管式電磁空気ブレーキ 手ブレーキ
二等	19人	台車形式	TR23	製造初年	昭和6年
三等	54人	電気方式	直流1500V	形式図図面番号	EC
自重	33.46t	制御装置		製作図面表番号	E
換算両数		主幹制御器付		取付部品表番号	E
積	3.5両			改造年度	昭和28年
空	3.0両	制御回路電圧	100V	記号形式 改造前	クロ49
				記号形式 旧	クロハ49

クロハ49(クロ49形改造)形式図

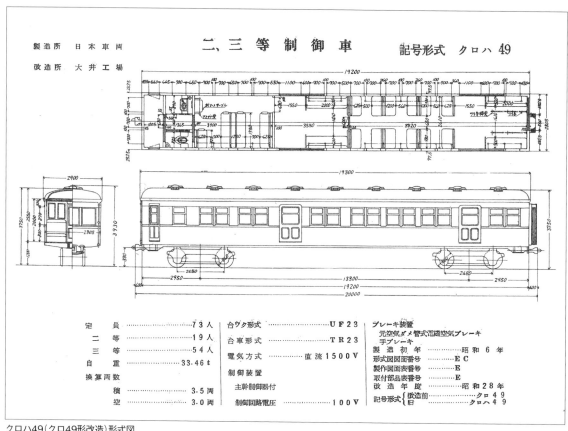

クロ49001(→クロハ49000)　控室側から見たクロ49001。歴史ある大井工場には煉瓦造りの建屋も多かった。　1952.5.15　大井工場

▲クロハ49002(←クロ49002)
クロ時代の貴賓室側が2等室に、控室側が3等室となったクロハ49。伊東線はホームの神戸方先端に発着していた。
1953.5　熱海

▶クロハ49002(←クロ49002)
改造当初は先頭に連結されていたが、その後中間に連結されて、サロハ49に改造された。　1953.5　熱海

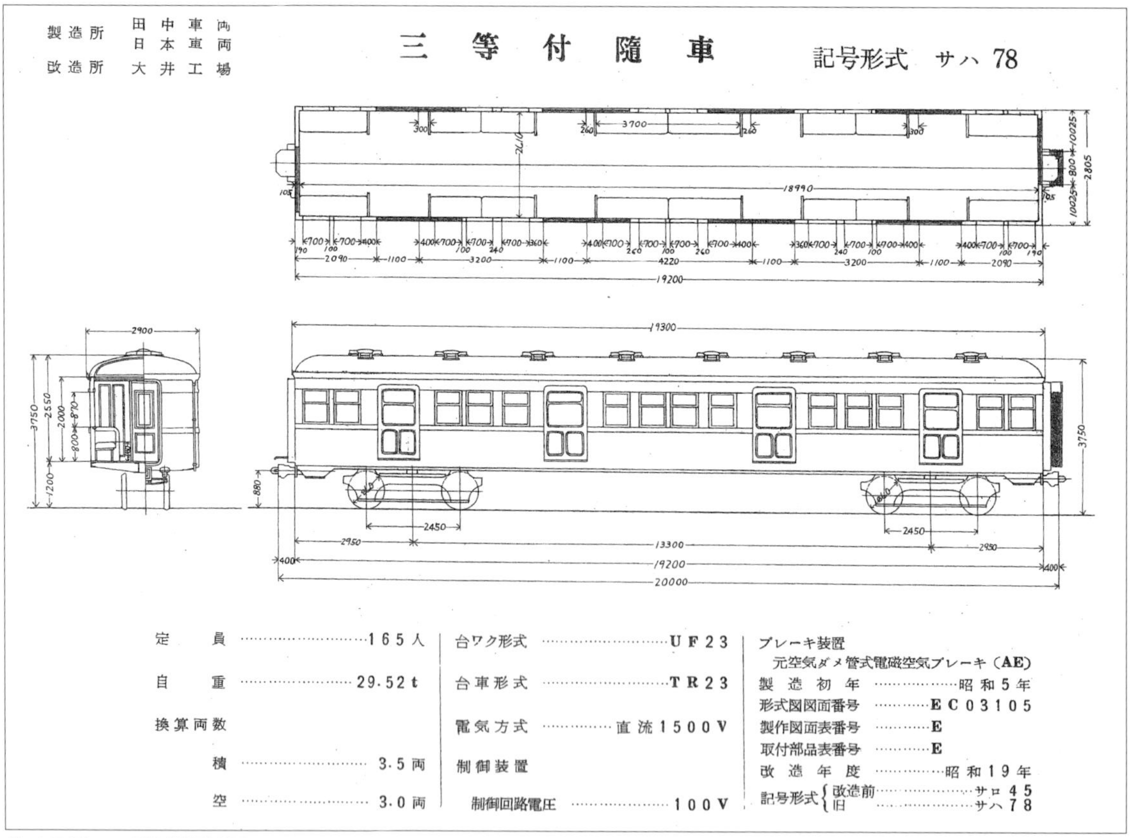

サハ78(サロ45形改造)形式図

3－3. 32系の改造と動き

■戦前の改造工事

・便所設置工事

サロハ46とサハ48には当初トイレがなかったが、乗客の要望から1935(昭和10)・1936年に取り付け工事が行われた。サロハ46は関西地区配置車(42系)と区別するためサロハ66に改番され、サロハ46全車がサロハ66001～サロハ66013となったが、サハ48形は改番されなかった。

・サロ45のサロハ66への改造

1936(昭和11)年度に基本編成のサロハ不足から、サロ45001・45002の2輌を半室3等化、トイレ設置を行って、サロハ66014・66015に改造した。

・通風器3列化

1937(昭和12)年度から行なわれた特修工事に合わせてベンチレータの3列化が行われ外観が変化した。また車内側(天井通風器具)のみ3列に改造し、通風器未取り付け車が多数存在した。

・座席撤去工事

戦時中軍需工場への勤労者の強制動員等で、電車の混雑が急増した。このため座席を撤去する工事が行われた。一般線区が1943(昭和18)年、横須賀線は1944(昭和19)年から2等車も含めて行われた。その内容は、クロスシートの一部残るもの、ロングシート化、ロング・クロス併置と、まさに1輛ごとに異なるものであった。

・4扉車へ改造

1944(昭和19)年にはサロハ66全車の3等車への降格・4扉改造が行われた。

サロハ66001～66015→サハ78009～78023

また、サロ45形6輌が、サハ78に降格・改造された。

サロ45003→サハ78024、サロ45006→サハ78027

サロ45009→サハ78030、サロ45010→サハ78031

サロ45011→サハ78032、サロ45013→サハ78034

同年度にクハ47形の一部にも4扉改造が行われた。

クハ47004→クハ85030、クハ47010→クハ85036

なお、改造車に多数の欠番があるのは、工事計画が、資材と工員の不足から計画どおり進まなかったこと、サロ45の場合は海軍の2等車連結の強い要請に

製造所　川崎車両
改造所　大井工場

三等付随車　記号形式　サハ78

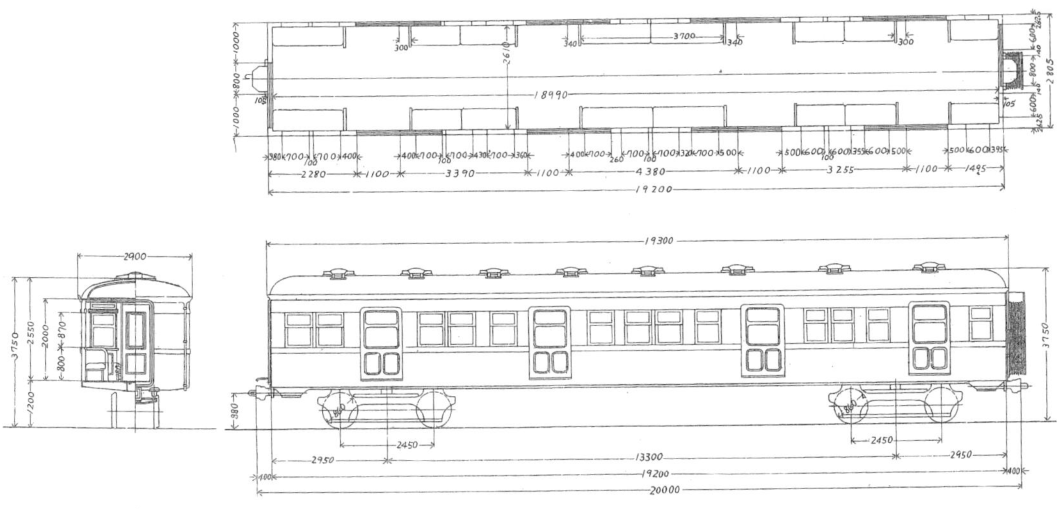

定員	165人	台ワク形式	UF23	ブレーキ装置	元空気ダメ管式電磁空気ブレーキ（AE）
自重	29.52t	台車形式	TR23	製造初年	昭和6年
換算両数		電気方式	直流1500V	形式図図面番号	EC03106
積	3.5両	制御装置		製作図面表番号	E
空	3.0両	制御回路電圧	100V	取付部品表番号	E
				改造年度	昭和19年
				記号形式　改造前	サロハ66
				記号形式　旧	サハ78

サハ78（サロハ66形改造）形式図

サハ78011（←サロハ66003）　サロハ66の４扉化改造車のため窓配置が前・後位で非対称である。増設扉にはウインドヘッダが無い。
1952.5.18　池袋

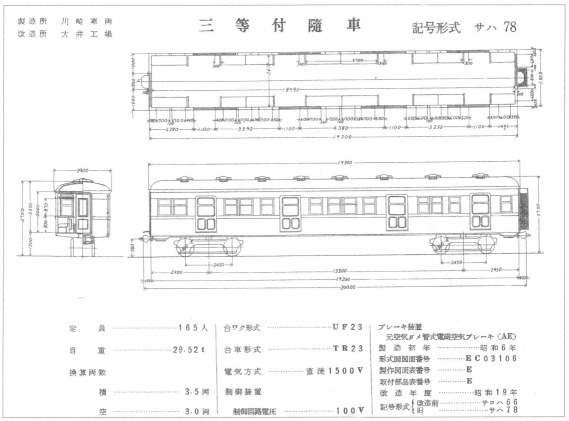

クハ79060(←クハ85030) クハ47全車10輌の４扉化改造が計画されたが、実現したのは２輌のみ。当時の市川駅では千葉方２輌の分割併合が行われ、日中には増結用の２連５本が留置されていた。 1951年 市川

製造所 日本車両
改造所 大井工場

三 等 制 御 車

記号形式 クハ 79

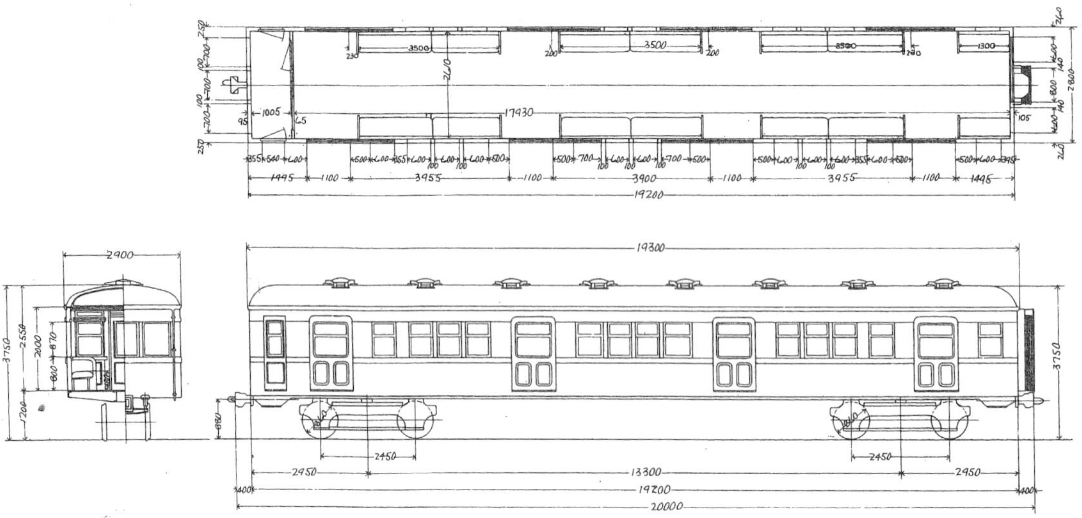

定員 ……………………156人
自重 …………………… 29.46 t
換算両数
積 …………………… 3.5両
空 …………………… 3.0両

台ワク形式 ……………………UF23
台車形式 ……………………TR23
電気方式 …………… 直流1500V
制御装置
主幹制御器付
制御回路電圧 ……………………100V

ブレーキ装置
元空気ダメ管式電磁空気ブレーキ（AE）
手ブレーキ
製造初年 ……………昭和５年
形式図図面番号 …………EC03104
製作図面表番号 …………E
取付部品表番号 …………E
改造年度 ……………昭和１９年
記号形式 { 改造前……クハ４７―クハ８５
旧 ……クハ７９

クハ79(旧クハ85／クハ47形改造)形式図

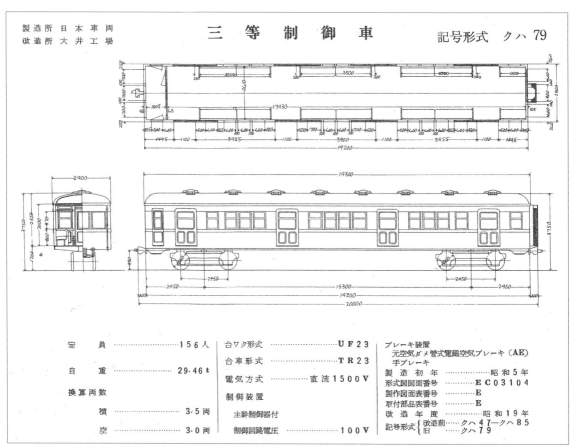

サハ78012(←サロハ66004) 改造されたサハ78は更新修繕－Ⅱ工事の施工が遅く、まだ木製ドアが残っていた。 1954.12.16 大崎

よるものである。

クハ85は湘南型80系製造にあたって、80代形式をサロ85に譲るため、クハ79形60番代に改番された。

クハ85030→クハ79060、クハ85036→クハ79066

最後は関西に移り、オレンジ色となって使用され、1971(昭和46)年廃車されたが、最後までガーランド型通風器のままだった。

■横須賀線の戦中・戦後の動き

太平洋戦争が激化し、主要都市は連日空襲を受けるようになり、1945(昭和20)年6月からモハ32は常磐、赤羽、横浜の各線に疎開が行われ、田町電車区に戻ったのは1947(昭和22)年9月のことだった。また横須賀線では、1945(昭和20)年にEF53形電機が、主電動機を外されたモハや、クハ、サハを牽く列車が4本組成されて1日23往復運転された。戦後の1946(昭和21)年1月には進駐軍専用車として、サロ45をはじめ12輌が徴収され、6月からは1等の白帯を幅広にした帯を入れ「白帯車」になった。白帯車は講和条約発効の1952(昭和27)年3月15日に廃止された。4扉車モハ63形の投入が始まったのは1949(昭和24)年のことであるが、2等車も7月に復活し、9月には全編成に拡大し、連合軍専用車(AFC)と1輌ずつが連結された。

戦中・戦後の混乱期には、横須賀線に多数の一般線区用車輌が走っていた。モハ40、モハ41、サハ57が多かったが、なかにはサハ36023、サハ75005の17m車と、戦時中に総武線で軍籍のある皇族の乗用として

32系系統図 (▶は改造を示す)

基本形式	製造輌数			廃車輌数	昭和28年6月称号改正時	輌数	改造等内容	昭和34年称号改正	廃車時形式・番代
モハ32	45	→	→	−5	モハ14	40	原形	クモハ14	→ クモハ14
							→		▶ 低屋根化 クモハ14800番代
サロ45	13	→	→		サロ45	5		サロ45	→ 格下げサハ45
			▶ サハ78	−4	→ サハ78	3	格下げ改造・4扉化	サハ78	→
		▶ サロハ66	▶ サハ78024～034		→ サハ78	11	格下げ改造・4扉化	サハ78	→
サロハ46	13	→ サロハ66	▶ サハ78009～023	−3	→		格下げ改造・4扉化		▶ サハ78 400番代
クハ47	10	→	→		→ クハ47	8	原形	クハ47	→ クハ47 0番代
		▶ クハ85 30番代	→ クハ79 60番代		→ クハ79 60番代	2	4扉化 改番30→60番代	クハ79 60番代	→ クハ79 60番代
サハ48	28	→	→		サハ48	18	原形	サハ48	→ サハ48
							制御車化	クハ47 50番代	→ クハ47 50番代　奇数
		▶ クハ47 10番代	→	−7	→ クハ47 50番代	3	制御車化	クハ47 50番代	→ クハ47 50番代　奇数 ▶ クハ68
		→	→		→		事故休車サハ48008復旧 ▶試験車改造クヤ9020	クヤ99	→ クヤ99000
クロ49	2		▶ クロハ49		→ クロハ49	2	貴賓車解除 2・3等車に ▶2・3等室入替え 付随車化	サロハ49	▶ サハ48 40番代
	合計 111			合計 −19		合計 92			

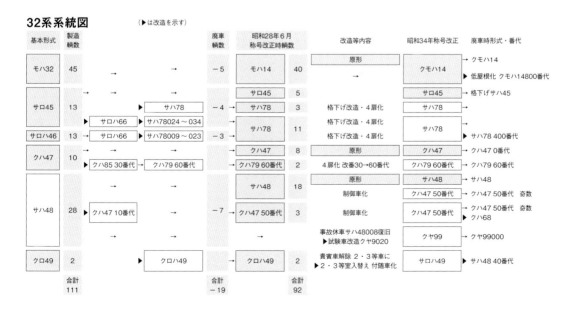

関西から転属してきたクロハ69001・69002が、４輌とも白帯車となり異彩を放っていた。

1949(昭和24) 年の横須賀線車輛はまだ荒廃状態にあり、同一線路を走る80系湘南電車の運転開始を控えて、新造車との格差が大きいため特別整備が行われ、戦前水準の内装と新採用のスカ色をまとって面目を一新した。また1950(昭和25) 年から行われた線区別の車種統一で、関西から42系(モハ42、モハ43、クハ58、サハ48) が横須賀線に転入し、一時は２扉車で揃えられるかに見えた。これにより一般用車は、スカ色のまま総武線、山手線などに転出した。

しかし、横須賀線も混雑の度が加わり、1951(昭和26) 年３扉セミクロスシートの新スカ型70系が製造されるに至り、17mのモハ32形を手始めに、２扉車は身延線、飯田線に転出することになる。両線では買収した社型車輛と交代し，Mc・Tc編成を組み、17mのMc車が20mTc車を牽いて走るユーモラスな情景が見られた。飯田線では２組の４輌編成で、独自の塗色(クリーム・マルーン)の快速電車も運転された。

■戦後の改造工事

・低屋根化改造

モハ32形の飯田、身延両線への転出時には、鋼板製プレスドアを装備した以外には、大きな形態上の変化はなく、ほぼ原形に近い姿だったが、称号改正でモハ14形となった。

更新修繕－Ⅱが開始されてグローブ型通風器への取り換えが行われた。また、当初は妻面の雨樋は直線のままだったが、1957(昭和32) 年以降の施工車は曲線状になり、３桁の運行窓が新設され表情が変わった。併せて身延線用の24輌は、屋根全面の高さを3,750mmから3,495mmに減ずる「低屋根化改造」が行われ、妻面は切妻となった。改造時は改番されなかったことから、取扱上の不便さが生じ、1959(昭和34)

飯田線モハ32形の快速　モハ32の転入により飯田線では快速電車の運転が開始された。手前からモハ32(→モハ14)＋クハ58(→クハ47形100番代)×モハ32(→モハ14)＋クハ7710(→クハ18形10番代)の４連が辰野に向けて豊橋を発車。　1952.8.2　豊橋－船町

身延線のクハ47形0番代＋モハ14形800番代　飯田、身延の両線では、17mのMcが20mのTcを推進、牽引するユーモラスな情景が、日常的に見られた。
1955.5　内船

年12月に低屋根車はクモハ14800～14823に、普通屋根車はクモハ14000～14014に改番された。

・サロ45に便・洗面所設置

更新修繕－Ⅱでサロ46に合わせる整備工事が行われ、便・洗面所が設置された。

・クハ47へ改造

1951(昭和26)年に静岡局へ転出に際して、短編成化のため、サハ48形３輌がクハ47形10番代に改造された。

サハ48005～48007→クハ47011～47013

さらに1953(昭和28)年から1969(昭和44)年に11輌が追加改造され、クハ47057～47073の奇数番号と、クハ47070・47072となった。またこの時クハ47011～47013の３輌はクハ47051・47053・47055に改番された。

■

32系は、31系で標準化された半鋼製電車の、長距離・高速型バージョンである。線区の特徴から、極力当時のスハ32形客車に近いサービスをめざした多座席型の車輌である。残念なのは開業が急がれたため、電動車の20m台枠の設計が間に合わず、主力形式のモハ32形が17mで製作されたことである。

しかし、当時の関東の電車が、まだ短編成で低速運転だった時代に、電車による長距離・高速運転を確立し、京阪神間の高速電車へ参入の足掛かりとなった功績は大きい。

上巻のおわりに

思えば、1926年の「昭和の時代」の幕開けとともに登場した"半鋼製標準型省線電車"は、太平洋戦争のさなかの1943(昭和18)年まで製造され、首都圏と京阪神地区の輸送に多大の貢献を果たした。

国鉄の分割民営化からすでに30年を経て、旧国鉄の車輌も今や消えようとしている。それらの車輌のルーツとなった鉄道省の「旧型国電」が活躍していたその姿を記録したいと、本書を企画した次第である。

■

省線電車は、昭和の時代に入ると次第にその運転区間を拡大し、東京都心部から近郊の基幹交通の主役となるにいたった。30、31系電車は従来の木製車から大きく脱皮し、生活様式の変化に伴う長編成化、高速化、安全性向上という時代の要請に答えて活躍し、次世代の40系につながる半鋼製電車の基礎を築いた。

また32系は、当時としては画期的な長距離・高速電車だった。客車列車に劣らないサービスを目指して開発された車輌群は、期待にたがわぬ効果を発揮して、その後の私鉄王国といわれた京阪神間への、高速電車42系導入への動機となった。

3系列とも、その頑丈な構造と17mという使い易さが幸いして、戦後も地方ローカル線での使用や、事業用車への改造により、各地で長期間使用されたのち、新性能車にその任を引き継いだ、その功績は大きいものがあった。

なお、本書の対象とする車輌の形態の期間が、1951(昭和26)年から1954(昭和29)年頃の約4年間と短かったことと、大学受験時期を挟んでいて行動にも制約があり、一部、既に発表した写真を使用していることをお許しいただきたい。

さて、続く中巻では、省線電車の標準を確立した40系を中心に収録する予定である。

●参考資料
『国鉄電車発達史』(1978年　鉄道図書刊行会)
『旧型国電車両台帳』沢柳健一・高砂雍郎(1997年　ジェー・アール・アール)
『国鉄電車のあゆみー30系から80系まで』(1968年　交友社)
『旧型国電50年Ⅰ・Ⅱ』沢柳健一(2002年　JTB)
『最盛期の国鉄車輌1』浅原信彦(2004年　ネコ・パブリッシング)
『国電車両写真集』金子元昭(2001年　交通新聞社)
『RM LIBRARY26 関東省電の進駐軍専用車』浦原利穂
(2001年　ネコ・パブリッシング)
『関西国電50年』(1982年　鉄道史資料保存会)
鉄道ジャーナル連載「国鉄鋼製電車の系譜」(鉄道ジャーナル社)
鉄道ピクトリアル各号(電気車研究会)
鉄道ファン各号(交友社)

モハ32031(→モハ14031→クモハ14009)　クリームとマルーンの快速色のモハ32が発車を待つ。荷扱いホームに散在する台車などが懐かしい。　1952.7.31　辰野

■三江線各駅データ

駅名	起点距離	駅間距離	営業開始年月日	開通年月日	行違設備
江津　（ごうつ）	0.0	—	1920（大正９）年12月25日	1920（大正９）年12月25日	—
江津本町（ごうつほんまち）	1.1	1.1	1958（昭和33）年７月14日	1930（昭和５）年４月20日	無
千金　（ちがね）	3.4	2.3	1958（昭和33）年７月14日	〃	無
川平　（かわひら）	7.0	3.6	1930（昭和５）年４月20日	〃	1999（平成11）年３月13日撤去
川戸　（かわど）	13.9	6.9	1930（昭和５）年４月20日	〃	1999（平成11）年３月13日撤去
田津　（たづ）	19.3	5.4	1949（昭和24）年11月15日	1931（昭和６）年５月20日	無
石見川越（いわみかわごえ）	22.3	3.0	1931（昭和６）年５月20日	〃	有→無
鹿賀　（しかが）	25.8	3.5	1949（昭和24）年11月15日	1934（昭和９）年11月８日	無
因原　（いんばら）	28.9	3.1	1934（昭和９）年11月８日	〃	1999（平成11）年３月13日撤去
石見川本（いわみかわもと）	32.6	3.7	1934（昭和９）年11月８日	〃	有
木路原（きろはら）	34.6	2.0	1962（昭和37）年１月１日	1935（昭和10）年12月２日	無
竹　（たけ）	37.6	3.0	1958（昭和33）年７月14日	〃	無
乙原　（おんばら）	39.8	2.2	1935（昭和10）年12月２日	〃	無
石見簗瀬（いわみやなぜ）	42.7	2.9	1935（昭和10）年12月２日	〃	1999（平成11）年３月13日撤去
明塚　（あかつか）	45.0	2.3	1967（昭和42）年４月１日	1937（昭和12）年10月20日	無
野井（仮乗降場）　1972（昭和47）年10月10日～1974（昭和49）年12月28日					—
粕淵　（かすぶち）	48.1	3.1	1937（昭和12）年10月20日	1937（昭和12）年10月20日	有→無
浜原　（はまはら）	50.1	2.0	1937（昭和12）年10月20日	〃	有
沢谷　（さわだに）	53.8	3.7	1975（昭和50）年８月31日	1975（昭和50）年８月31日	無
潮　（うしお）	59.6	5.8	1975（昭和50）年８月31日	〃	無
石見松原（いわみまつばら）	62.8	3.2	1975（昭和50）年８月31日	〃	無
石見都賀（いわみつが）	68.4	5.6	1975（昭和50）年８月31日	〃	有
宇都井　（うづい）	74.8	6.4	1975（昭和50）年８月31日	〃	無
伊賀和志（いかわし）	78.2	3.4	1975（昭和50）年８月31日	〃	無
口羽　（くちば）	79.7	1.5	1963（昭和38）年６月30日	1963（昭和38）年６月30日	有
江平　（ごうびら）	83.2	3.5	1963（昭和38）年６月30日	〃	無
作木口（さくぎぐち）	84.9	1.7	1963（昭和38）年６月30日	〃	無
香淀　（こうよど）	89.7	4.8	1963（昭和38）年６月30日	〃	無
式敷　（しきじき）	93.3	3.6	1955（昭和30）年３月31日	1955（昭和30）年３月31日	有
信木　（のぶき）	95.1	1.8	1956（昭和31）年７月10日	〃	無
所木　（ところぎ）	97.0	1.9	1956（昭和31）年７月10日	〃	無
船佐　（ふなさ）	98.4	1.4	1955（昭和30）年３月31日	〃	無
長谷（仮乗降場）　1969（昭和44）年４月25日～1987（昭和62）年３月31日					—
長谷　（ながたに）	100.6	2.2	1987（昭和62）年４月１日	1955（昭和30）年３月31日	無
粟屋　（あわや）	103.1	2.5	1955（昭和30）年３月31日	〃	無
尾関山（おぜきやま）	106.1	3.0	1955（昭和30）年３月31日	〃	無
三次　（みよし）	108.1	2.0	1930（昭和５）年１月１日	1923（大正12）年12月８日	有

三江線乗車券・入場券コレクション

提供：原田康男

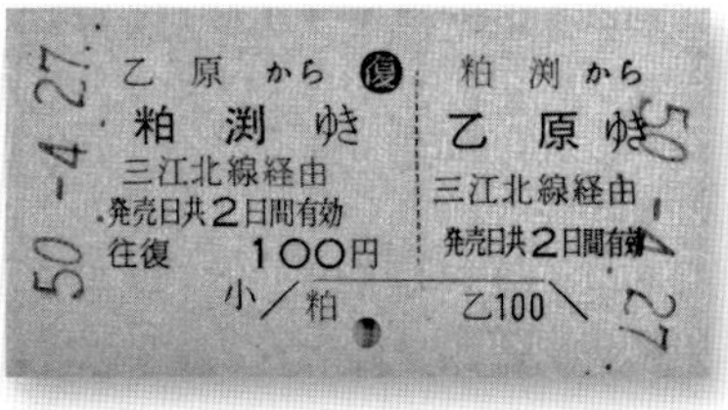

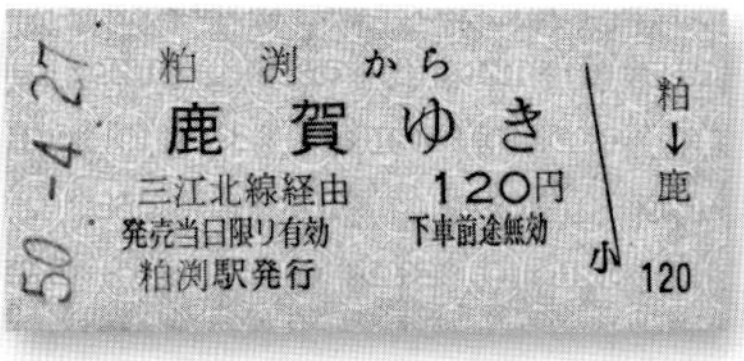

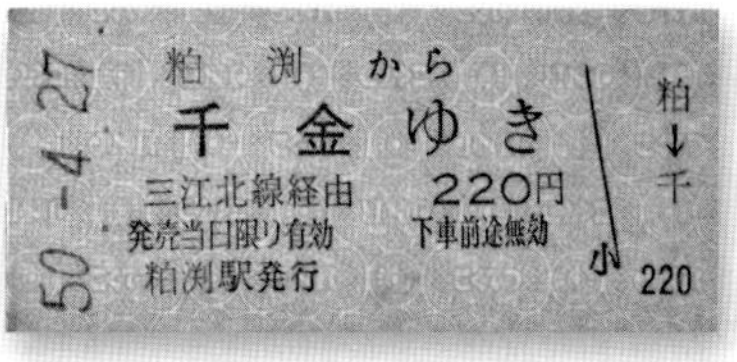

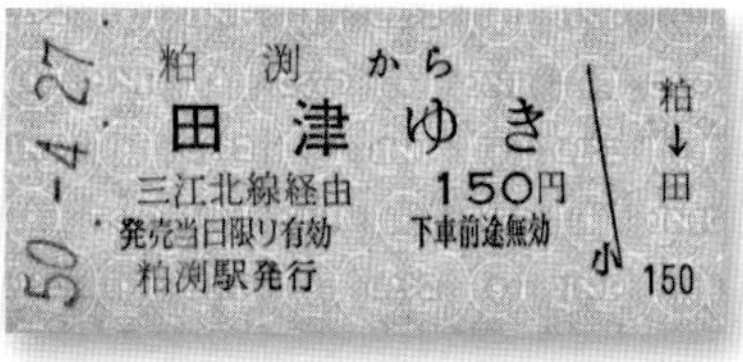

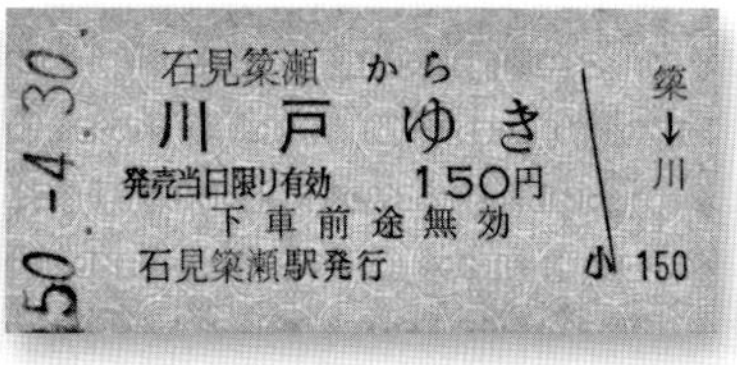

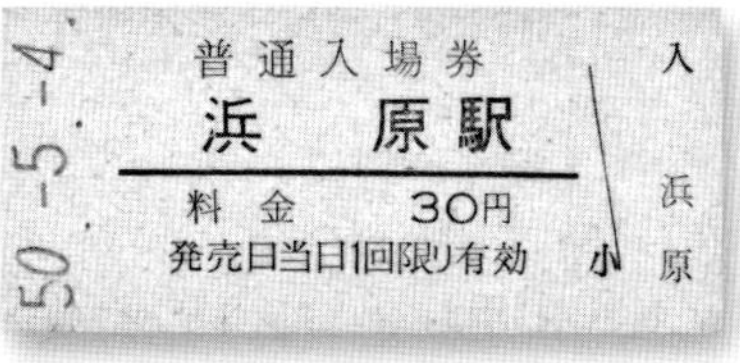

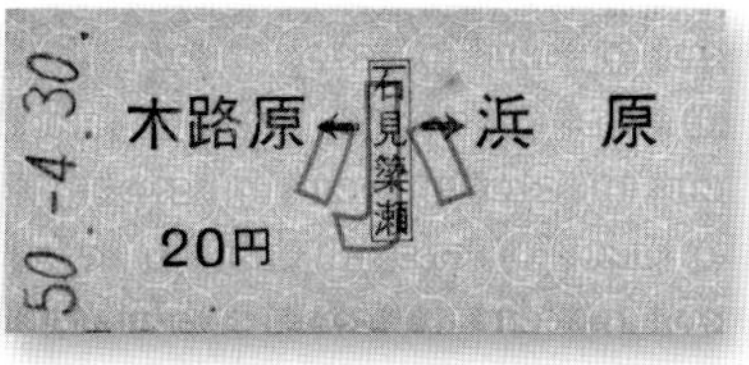

あとがき

三江線は2018(平成30)年4月1日で廃止となる。1930(昭和5)年4月20日石見江津～川戸(13.9km)が初めて開通して以来88年、人でいうとちょうど米寿の年に当たる。1975(昭和50)年8月31日浜原～口羽間(29.6km)開通で江津～三次(108.1km)全線がつながった。以来、43年で三江線は姿を消す。三江線の最大の特徴は起点から終点まで、その殆どは江の川沿いを走っていることで、常に豪雨、水害による線路の被災と10億円にも及ぶ復旧費用、長期間にわたる運転休止という苦難の道を経験してきた。

これから列車は無くなるが、線路と軌道跡は残る。後は地域が三江線の遺構として残せるものは残し、路線跡についてはウオーキング道として活用するなど、歴史を感じる楽しみと、併せて健康増進を図る施設として活用することが出来ないかと願っている。

なお、本書を編纂するにあたり、窪田正實氏には資料提供ほか格別のご協力を賜わり深く感謝申し上げます。

長船友則(鉄道史学会会員)

三江南線時代の口羽駅で折り返すキハ20 457。
1972.3.11　口羽　P：長船友則

●参考文献
「伝える遺産 築く夢」(1998年　建設省中国地方建設局)
「停車場変遷大辞典 国鉄・JR編」(1998年　JTB)
「三江線式敷・口羽間の開業について」(1963年　国鉄中国支社)
「国鉄動力車配置表」(1957～1975年　鉄道図書刊行会)
「所管工事の概要」(1971・73年・74年・77年　鉄道建設公団下関支社)
「気動車形式図集」(1963・71年　日本国有鉄道)
三江線に関する「検討会議」経過報告書
(2016 三江線に関する「検討会議」)
時刻表(JTB　各年)
『鉄道ピクトリアル』『鉄道ファン』『蒸気機関車』『SLダイヤ情報』各号
中国新聞、朝日新聞、毎日新聞、日本経済新聞、産経新聞、交通新聞、山陰中央新報

●取材協力
島根県立図書館、中国電力(株)、広島県立文書館、広島県立図書館、三次市、窪田正實

●資料・写真提供(敬称略)
国土交通省中国地方整備局、三次市、
安藤 功、石原裕紀、荻原二郎、久保 敏、窪田正實、佐竹保雄、田野 浄、寺澤秀樹、成田冬紀、服部重敬、林 嶢、原田康男、福間寿彦、松永美砂男

雪景色の昭和31年2月、三次を発車する三江南線式敷行のキハ10023。
1956.2.22　三次　P：窪田正實